UM NATURALISTA NO ANTROPOCENO

FUNDAÇÃO EDITORA DA UNESP

Presidente do Conselho Curador
Mário Sérgio Vasconcelos

Diretor-Presidente / Publisher
Jézio Hernani Bomfim Gutierre

Superintendente Administrativo e Financeiro
William de Souza Agostinho

Conselho Editorial Acadêmico
Luís Antônio Francisco de Souza
Marcelo dos Santos Pereira
Patricia Porchat Pereira da Silva Knudsen
Paulo Celso Moura
Ricardo D'Elia Matheus
Sandra Aparecida Ferreira
Tatiana Noronha de Souza
Trajano Sardenberg
Valéria dos Santos Guimarães

Editores-Adjuntos
Anderson Nobara
Leandro Rodrigues

MAURO GALETTI

Um naturalista no Antropoceno

Um biólogo em busca do selvagem

2ª edição

© 2024 Editora Unesp

Direitos de publicação reservados à:
Fundação Editora da Unesp (FEU)
Praça da Sé, 108
01001-900 – São Paulo – SP
Tel.: (0xx11) 3242-7171
Fax: (0xx11) 3242-7172
www.editoraunesp.com.br
www.livrariaunesp.com.br
atendimento.editora@unesp.br

Dados Internacionais de Catalogação na Publicação (CIP)
de acordo com ISBD
Elaborado por Odilio Hilario Moeira Junior – CRB-8/9949

G154n	Galetti, Mauro
	Um naturalista no Antropoceno: um biólogo em busca do selvagem / Mauro Galetti. 2ª edição. – São Paulo: Editora Unesp, 2024.
	Inclui bibliografia. ISBN: 978-65-5711-271-7
	1. Biologia. 2. História. 3. Antropoceno. 4. Crônicas. I. Título
2024-2560	CDD 570 CDU 57

A primeira edição deste livro foi publicada pelo Programa de Publicações Digitais da Pró-Reitoria de Pós-Graduação da Universidade Estadual Paulista "Júlio de Mesquita Filho" (Unesp)

Editora afiliada:

Asociación de Editoriales Universitarias
de América Latina y el Caribe

Associação Brasileira de
Editoras Universitárias

*Para Carina, Gabriela e Leonardo,
por ouvirem minhas histórias...*

AGRADECIMENTOS

Eu tive muita sorte de ter pessoas inspiradoras ao meu redor. Desde meu avô, que imigrou da Ilha da Madeira sozinho para o Brasil com 16 anos, até meus pais Moysés e Marilena, que doaram boa parte de suas vidas para que eu tivesse uma formação científica adequada. Ao meu irmão Marcelo e à minha cunhada Janisse, que sempre foram o porto seguro em Campinas quando meus pais precisaram e eu estava longe escrevendo este livro. Ao Eric e à Lúcia pelo constante apoio em Indaiatuba.

Durante minha graduação na Universidade Estadual de Campinas (Unicamp), alguns professores me inspiraram com suas aulas brilhantes como Ivan Sazima, Paulo Sérgio Oliveira, Wesley R. Silva e Keith Brown. Minha orientadora de mestrado e iniciação científica, Patrícia Morellato, foi uma peça-chave na minha formação e constante incentivo durante minha carreira desde o primeiro dia em que me encontrou na biblioteca. Tive a oportunidade de ter colegas inquisitivos que hoje são professores universitários excepcionais como meu irmão Marcos Rodrigues e meus colegas Fábio Olmos, Marco Aurélio Pizo, Rudi Laps, Caio Graco Machado,

8 MAURO GALETTI

André Vitor Freitas, Carlos Fonseca e Gislene Ganade. Sou especialmente grato ao meu amigo de fé Isaac Simão Neto, que me ajudou em muitas horas difíceis durante meu campo no Saibadela. Alexandre Aleixo, Marco A. Pizo, Valesca Zipparro, Émerson Vieira e Patrícia Izar foram uma companhia agradável e fundamental durante meus dias no Saibadela. Kim McConkey me ajudou a relembrar os locais que visitei em Bornéu. Fernando Pedroni foi um excelente companheiro durante meu mestrado na Santa Genebra. Ariovaldo Cruz-Neto me ajudou nas análises energéticas da preguiça-gigante e Maurício Vancine na preparação do mapa.

Eu sou fruto de investimento público de longa duração pois fui financiado através de bolsas ou auxílios desde minha graduação até meu mestrado e pós-doutorado pelo CNPq, pela Capes e pela Fapesp. Também sou grato à Fundação Pedro Manoel de Oliveira e à Fundação Florestal do Estado de São Paulo por terem me permitido trabalhar nas suas áreas. Ao Scott Blais por ter aberto as portas do Santuário dos Elefantes Brasil e me mostrado seu trabalho maravilhoso.

Sou grato aos meus estudantes do curso de graduação em Ecologia da Universidade Estadual Paulista (Unesp), que me ensinaram a lecionar. Aos meus orientandos do Laboratório de Biologia da Conservação (LaBiC), que me ajudaram a construir minha carreira e que tornaram o laboratório um lugar extremamente agradável de se trabalhar. A Mathias M. Pires, Luisa Genes, Pedro Jordano, Luana Hortenci e Cecília Licarião por cederem algumas fotos. A Unesp me deu toda a liberdade para pesquisa e sou especialmente grato aos meus colegas de departamento, Maria José Campos, Milton Ribeiro, Tadeu Siqueira, Milton Ribeiro, Marina Cortês, Laurence Culot e Maria Inez Pagani por sempre me incentivarem a realizar meus sabáticos, cobrirem minhas aulas na graduação e pela enorme sabedoria acadêmica. Ao Sérgio Nazareth, meu fiel escudeiro que sempre resolve os problemas de campo.

Sou especialmente grato pela orientação constante do *my Captain,* Pedro Jordano, que sempre foi uma mente brilhante e gentil desde nossa primeira conversa nas montanhas das Sierras de Cazorla na Espanha. Além de Pedro, ao longo da minha carreira, eu tive a felicidade de encontrar profissionais generosos que me abrigaram em seus laboratórios, entre eles Rodolfo Dirzo (Stanford University, Estados Unidos), Roger Guevara (Inecol, México), Jens-Christian Svenning (Aarhus Universitet, Dinamarca) e Malu Jorge (Vanderbilt University, Estados Unidos).

Parte da redação deste livro ocorreu quando eu estava associado ao Centro Latino-Americano e do Caribe (LACC) da Florida International University (FIU) nos Estados Unidos. Sou grato a Antony Pereira, Simone Athayde e Clinton Jenkins por me proporcionarem um ambiente adequado para que eu finalizasse este livro. Minhas viagens para as Bahamas e para Galápagos foram financiadas enquanto eu estava associado à Universidade de Miami, ao qual sou eternamente grato. Sou também grato a Cynthia Silveira e Tony Luque por me manterem mentalmente são durante a pandemia e pelas longas conversas sobre oceanos e vírus.

O texto final foi lido e comentado por diversos amigos como Fábio Olmos, Daiane Carreira, Ana Laura Pugina, Selma Vital e Rafaela da Silva. O capítulo 13 foi comentado por Cecília Licarião e Paulo Mangini. Sou responsável por todos os possíveis erros que estejam neste livro.

Finalmente, eu jamais teria terminado esta obra sem a minha esposa, Carina, que revisou todo o texto antes da publicação e me apoiou incondicionalmente em todas as fases da redação deste livro. Ela doou seu tempo e carinho para que eu pudesse terminar a obra. À Gabi e ao Leo por ouvirem minhas histórias e por toparem me seguir em boa parte dessas viagens. Eu comecei a escrever este livro há mais de 10 anos e nesse tempo perdi minha leitora mais especial. Desculpe pelo meu atraso, mãe.

*Antropoceno, termo sugerido para a
era geológica contemporânea, a partir da Revolução Industrial, na qual
teria sido decisivo o impacto humano
sobre o meio ambiente.*

(Dicionário Houaiss
da Língua Portuguesa)

Sumário

1 Antropoceno: o asteroide somos nós   17
2 O Big Mac da preguiça-gigante   37
3 Um biólogo na arca de Noé   43
4 Cambridge: o nascimento de um naturalista   51
5 Saibadela: a floresta dos palmitos   67
6 O ornitólogo cego   77
7 A jacutinga e as mudanças climáticas   83
8 A defesa   89
9 Bornéu: entre daiaques, calaus e javalis-barbados   95
10 A evolução no Antropoceno   111
11 Os vampiros e os três porquinhos   119
12 Bahamas: entre iguanas obesos e diabéticos   127
13 Galápagos: florestas de goiabeiras e tartarugas solitárias   139
14 Fernando de Noronha: *influencers* entre gatos e ratos   151
15 Asselvajando o *Homo sapiens*   163

Referências   177

Lugares mencionados neste livro: Bahamas, Galápagos (Equador), Campinas (Brasil), Fernando de Noronha (Brasil), Nambiti (África do Sul), Cambridge (Inglaterra) e Bornéu (Indonésia)

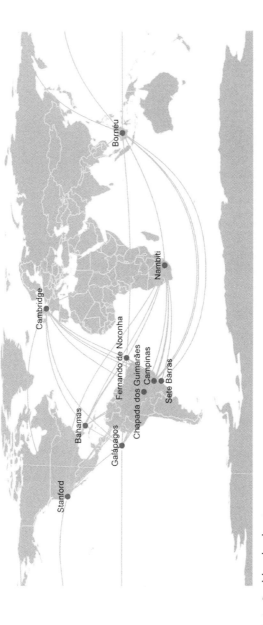

Ilustração: elaborada pelo autor

1
ANTROPOCENO:
O ASTEROIDE SOMOS NÓS

Um planeta azul flutua no universo. Ele tem uma história singular, pois está a uma distância perfeita do Sol, é composto por gases que não o deixam muito frio, nem muito quente e tem a presença de água em estado líquido. Essas condições o tornam o único a apresentar vida como a conhecemos. Esse planeta, que foi nomeado por seus habitantes como Terra, tem 71% de água e 29% de superfície terrestre em sua composição e surgiu há 4,6 bilhões de anos. Para termos uma boa comparação da diferença entre milhão e bilhão de anos, imagine que 1 milhão de segundos equivale a cerca de 11 dias, enquanto 1 bilhão de segundos corresponde a aproximadamente 31 anos!

Assim como os seres vivos que a habitam, a Terra está envelhecendo e vem passando por várias fases. Os geólogos dividem os 4,6 bilhões de anos em intervalos de tempo com nomes complicados: éons, eras, períodos, épocas e idades. A definição de quando começa ou termina cada uma dessas fases é baseada em diferentes eventos que mudaram a história do planeta. Mudanças bruscas do clima, aumento da concentração de gases na atmosfera e surgimento ou extinção em massa de animais ou plantas são eventos usados pelos geólogos para classificar cada fase. É como um médico que classifica as diferentes fases de vida do ser humano.

Uma das características desse planeta é que existe vida nele. Uma das hipóteses do surgimento da vida na Terra é a de que moléculas orgânicas simples, compostas por carbono, hidrogênio, nitrogênio, oxigênio e fósforo, chamadas de nucleotídeos, foram sintetizadas na atmosfera da Terra primitiva e depositadas nos oceanos. As longas cadeias de nucleotídeos deram origem aos RNA replicadores e posteriormente ao DNA, o material genético da vida. Essas moléculas organizadas em uma membrana são o que conhecemos hoje como vida. Esse percurso não se deu como um salto milagroso da "sopa primordial" para uma bactéria, mas foi resultado de um longo processo bioquímico que pode ter durado milhões de anos. Uma segunda hipótese sugere que a vida (microbiana) tenha vindo de outro planeta, mas ainda não temos nenhuma evidência de que isso tenha acontecido.

Se a vida na Terra levou algumas centenas de milhões de anos para ser sintetizada, durante 3 bilhões, ela foi composta apenas por organismos unicelulares microscópicos. Isso mesmo: os microrganismos estão há muito, mas muito mais tempo na Terra do que qualquer ser vivo multicelular. Como os microrganismos não deixam fósseis, boa parte da classificação das diferentes fases da Terra só pode ser explicada depois do aparecimento de animais e plantas que deixam registros fósseis evidentes. Como adoramos animais grandes, acreditamos que uma das fases mais incríveis na história da Terra foi o surgimento e a extinção dos maiores vertebrados que andaram por aqui, os dinossauros. O fim da era dos dinossauros é um dos eventos mais estudados por geólogos e paleontólogos.

Os paleontólogos já identificaram mais de mil espécies de dinossauros, cujos pesos variam de 2 gramas

(*Oculudentavis*) até 100 toneladas (titanossauro, *Patagotitan mayorum*). Esse grupo de animais perambulou pelo nosso planeta por quase 165 milhões de anos. Os primatas, por sua vez, surgiram há meros 55 milhões de anos e nós, humanos, há apenas 300 mil anos.

Imagine que você é um dinossauro vivendo há 66 milhões de anos. Você pode escolher o tamanho ou a ferocidade e pode ser um vegetariano (*Triceratops*) ou um supercarnívoro (*Tyrannosaurus*). Sem que você sequer perceba, repentinamente o dia escurece, como em um eclipse. Um asteroide de 15 quilômetros de largura bloqueia os raios solares e se aproxima a uma velocidade de 20 quilômetros por segundo. Ele se choca contra a Terra e abre uma cratera de 180 quilômetros de diâmetro e 20 quilômetros de profundidade. Seu choque equivale à explosão de 4,5 bilhões de bombas atômicas, criando ventos de 1.000 quilômetros por hora, ondas de 100 metros de altura e terremotos de magnitude 11. Para se fazer uma comparação, o maior terremoto já presenciado pelo homem foi de magnitude 9,5, na cidade de Valdivia, no Chile, no ano de 1960. Como a escala que usamos para medir os terremotos é logarítmica, a magnitude 11 é 10 vezes maior que a magnitude 10.

As nuvens de cinzas e os estilhaços levantados pelo choque do asteroide retornam ao planeta como rochas derretidas em chamas. Nesse dia e nos vários meses seguintes, chove fogo dos céus. Setenta por cento da Terra arde em chamas. Animais que estão a mais de 2.500 quilômetros da colisão morrem instantaneamente. É quase a distância entre o Rio de Janeiro e Manaus. A poeira gerada pelo impacto destrói completamente o asteroide e cobre os raios solares por mais de dez anos, causando a morte da maioria das plantas e animais. Todos os vertebrados maiores que um cão da raça dálmata são extintos, além de várias plantas, insetos e boa parte da vida marinha. Um grupo de dinossauros pequenos com penas, que hoje chamamos de aves, sobrevive milagrosamente. Outros dinossauros voadores aparentados das aves, porém, não têm a mesma sorte. Esse asteroide, chamado de Chicxulub, leva à extinção cerca de 75% de toda a vida na Terra. Então, quer você tenha escolhido ser um dinossauro predador de topo da cadeia alimentar ou um mero comedor de plantas, você foi extinto.

Apesar de ter sido um evento apocalíptico, a colisão do Chicxulub não foi o primeiro evento de extinção em massa e nem será o último. Nosso planeta já esteve perto de perder boa parte da vida por cinco vezes nos últimos 500 milhões de anos: primeiro há 440 milhões de anos, no período Ordoviciano; depois 365 milhões, no Devoniano; 250 milhões, no Permiano; 210 milhões, no Triássico-Jurássico; e o último, há 65 milhões de anos, no período Cretáceo.

O pior desses eventos ocorreu há 250 milhões de anos, quando 96% de todas as espécies desapareceram. A razão dessa extinção em massa ainda é pouco compreendida, mas os cientistas encontraram pistas que indicam que sua maior causa foi o aquecimento do planeta provocado por uma série de atividades vulcânicas na Sibéria, que aumentaram a temperatura dos oceanos em 10 °C. Esse fenômeno interrompeu a circulação de correntes marinhas e reduziu em 80% a concentração de oxigênio na água, criando enormes zonas mortas no oceano (Penn et al., 2018). Sem oxigênio na água, quase toda a vida marinha morreu. O aumento de 8°C na temperatura média do planeta transformou quase todos os ambientes terrestres em desertos.

Os eventos de extinção em massa podem ser provocados tanto por eventos internos do planeta (erupção de vulcões), como externos (colisões de asteroides). Esses eventos estão longe de serem raros e, por isso, a vida em nosso planeta está sempre por um fio. Atualmente cerca de 25 milhões de corpos celestes entram na nossa atmosfera por dia, mas a maioria, para nossa sorte, se derrete ou vira pó antes de se chocar com a superfície terrestre. Além disso, existem mais de 1.500 vulcões ativos e cerca de 50 entram em erupção todos os anos. Desde o século XVIII, as erupções provocaram mais de 250 mil mortes humanas. Uma das mais famosas erupções foi no ano 79 d.C., quando o Monte Vesúvio, em Nápoles (Itália), expeliu violentamente 33 quilômetros de gases e cinzas, liberando uma energia 100 mil vezes maior do que a da bomba atômica lançada sobre Hiroshima (Japão) no fim da Segunda Guerra. Os habitantes de Pompeia, uma cidade a apenas 10 quilômetros do Vesúvio, foram instantaneamente carbonizados ou petrificados.

Apesar de vários cientistas se dedicarem a estudar eventos de extinção em massa, a probabilidade de um asteroide cair na Terra ou de vulcões entrarem em erupção não está na lista das maiores preocupações das pessoas. Por isso, esse assunto é abordado apenas em círculos acadêmicos. Somente quando há um aumento das tensões de guerras nucleares que a ideia de extinção da vida vem de novo à tona. Será que os seres humanos são capazes de destruir a vida na Terra como o asteroide Chicxulub ou os vulcões? Mesmo que explodíssemos todas as 13 mil ogivas nucleares existentes, isso seria um traque perto do Chicxulub.

A comunidade científica estava de acordo que apenas eventos extraplanetários ou vulcanismos seriam capazes de causar nova extinção em massa, até que Paul Crutzen, cientista holandês que ganhou o prêmio Nobel de química, durante um congresso científico, alertou que nosso planeta estava entrando em uma nova época geológica, a era dos humanos ou o Antropoceno. Crutzen argumenta que já existem cicatrizes permanentes no planeta que permitem dizer que somos responsáveis por um novo tempo geológico, uma nova fase da vida da Terra. Se daqui a milhões de anos um extraterrestre com vida inteligente visitar a Terra, ele ou ela (ou qualquer que seja seu sistema reprodutivo) será capaz de dividir a história do planeta em antes e depois dos humanos, assim como separamos a vida antes e depois da colisão com o asteroide Chicxulub. Para provar sua tese, Crutzen argumenta que quando os climatologistas estudam a história do clima por meio de análises de gases aprisionados em bolhas de ar no gelo, já é possível detectar a "pegada humana".

Climatologistas coletam, no Ártico e na Antártida, longas barras de gelo que aprisionam bolhas de ar. Essas barras são cortadas como um enorme salame, e cada pedaço é analisado quimicamente. Como os cientistas sabem a velocidade da formação dessas camadas de gelo, eles podem associar a composição química das bolhas de ar preso na fatia de "salame de gelo" com a época em que ele foi formado. Uma camada de gelo próxima da superfície da Terra é mais jovem que uma camada mais profunda. Se ocorrer uma anomalia na composição química da atmosfera, ela deixará nesse bloco de gelo uma fina cicatriz, que pode ser associada com a idade em que o gelo foi formado. Pois bem, camadas de gelo formadas no início da Revolução Industrial, por volta de 1880, já possuíam altas concentrações de dióxido de carbono (CO_2) e metano (CH_4) gerados principalmente por extensivas atividades do homem em escala global. O gás carbônico resulta da reação química entre hidrocarboneto e oxigênio, que produz moléculas com um átomo de carbono (C) ligado a dois átomos de oxigênio (O_2). Além dos processos naturais (aeróbios), parte desse dióxido de carbono também é produzida pela atividade industrial, com a queima de combustíveis fósseis (carvão, gás natural e petróleo). Já uma das formas de produzir gás metano e lançá-lo na atmosfera é pela decomposição anaeróbica realizada por seres vivos unicelulares do domínio Archaea, que são semelhantes às bactérias. Esses microrganismos vivem no estômago dos mamíferos ruminantes, como as vacas, cuja digestão da celulose produz gás metano, liberado na atmosfera na forma de flato ("pum" ou arroto). Quanto mais vacas são criadas, mais gás metano produzem e liberam na atmosfera.

Apesar de todos esses dados, a proposta de Crutzen de uma nova época geológica teria que passar pelo escrutínio de mais cientistas, como a Comissão Internacional de Estratigrafia (ICS), entidade científica, com sede em Londres, que classifica as fases da história da Terra. Esse grupo seleto de cientistas define quando uma era, época ou período começou e terminou. Por isso, afirmar que a Terra passa por mudanças requer bons argumentos. Quais as evidências que temos de que o planeta está mudando por ação dos seres humanos?

Uma nova época é definida pelo surgimento de novos elementos químicos, fósseis e rochas ou é marcada por grandes eventos de extinção em massa. Será que temos isso no Antropoceno?

O aparecimento de novos elementos químicos

Pegue uma tabela periódica (sim ela mesma, organizada pelo cientista russo Dmitri Mendeleev em 1869) e você vai notar que ela começa pelo hidrogênio (H), o elemento químico mais leve que existe: cada um de seus átomos tem apenas um próton, um elétron e nenhum nêutron. Os químicos descobriram que sua forma molecular mais frequente é o gás hidrogênio (H_2), que é incolor, inodoro, insípido, não tóxico e altamente combustível. É também a substância mais abundante, constituindo aproximadamente 75% de toda a massa elementar do universo. Estrelas como o Sol são compostas principalmente de hidrogênio no estado de plasma. A maior parte deste elemento na Terra existe em formas moleculares, como água e compostos orgânicos. Depois do hidrogênio, temos o hélio (He), com número atômico 2 (ou seja, 2 elétrons, ligados a 2 prótons com 1 ou 2 nêutrons) e assim por diante. Cada elemento químico existe desde a formação do universo na época do Big Bang e chegou à Terra sob diversas formas.

A tabela periódica possui 118 elementos químicos, mas apenas 94 existem no universo. Ou seja, 24 elementos químicos não existem em nenhum lugar e foram sintetizados pelo homem, incluindo elementos sobre os quais você nunca deve ter ouvido falar como tecnécio, cúrio e amerício, todos produzidos por reatores nucleares. Então, no quesito "aparecimento de novos elementos químicos", sim, o homem criou diversos deles.

Mas, além da síntese de elementos químicos, no Antropoceno ocorreu uma explosão de moléculas jamais vistas na natureza. Você já deve ter ouvido falar em pesticidas sintéticos como glifosato, acefato, DEET, propoxur, metaldeído, ácido bórico, diazinon, Dursban®, DDT, malation. Atualmente o mundo consome 2,7 milhões de metros cúbicos por ano de pesticidas e tudo indica que esse uso só tende a aumentar. Boa parte dessas moléculas que compõem os chamados "agrotóxicos" foram inventadas pelo homem e jamais existiram em estado natural. Portanto, se é necessário o aparecimento de novos elementos e substâncias químicas para definir uma nova época, o Antropoceno tem esse requisito. *Checked!*

O aparecimento de novas rochas

As rochas são massas sólidas compostas por minerais e definidas pelos seus elementos químicos. Existem mais de 5 mil tipos de minerais, alguns compostos por um único elemento químico, como ouro, ferro, alumínio; outros compostos por vários elementos químicos, como a calcita, que contém carbono (C), cálcio (Ca) e oxigênio (O), e está em boa parte das salas brasileiras em forma de objetos decorativos de papagaios, santos e outras imagens. Muitas rochas ocorrem em lugares específicos e são raras, mas a mais comum hoje foi fabricada pelo homem: é o concreto. Sim, o concreto pode ser considerado uma rocha criada pelo homem.

Além do concreto, outras rochas criadas pelo homem são encontradas em lugares remotos. Um estudo recente (Santos et al., 2022) mostrou que rochas de plástico estão sendo formadas na Ilha de Trindade, a 1.200 quilômetros da costa brasileira. As novas rochas são resultado de resíduos de redes de pesca que são jogadas no mar e se juntam a minerais naturais. Ou seja, o homem está criando rochas que jamais existiriam. Logo, o requisito do aparecimento de novas rochas também ocorreu no Antropoceno. *Checked!*

O aparecimento de novos fósseis

Outro quesito importante para dar nome a épocas e eras é o surgimento ou o desaparecimento de novos fósseis. Estes são formados de diversas maneiras, como pelo rápido congelamento ou o rápido enterramento de restos de plantas ou animais mortos, em lama, areia ou cinzas vulcânicas. Os tecidos moles se decompõem, deixando apenas ossos duros ou conchas preservadas. Somente quando ocorre a erosão, esses organismos nos são revelados de dentro das rochas. O estudo dos fósseis tem sido uma das melhores maneiras de se entender como a vida evolui e quando e como alguns grupos de espécies surgiram e desapareceram.

Apesar de a maioria das pessoas achar que fósseis são apenas animais ou plantas, os cientistas chamam todos os utensílios e ferramentas criadas pelo homem de tecnofóssil. Alguns desaparecerão rapidamente no ambiente, outros poderão levar décadas ou séculos para desaparecer. Por exemplo, o tempo de desaparecimento de um simples chiclete é de 5 anos, de uma garrafa PET é de 400 anos, de uma simples sacola plástica de supermercado, 1.000 anos, e de uma garrafa de vidro, mais de 4.000 anos.

A lista de utensílios criada pelos humanos é imensa, mas um deles é onipresente: o plástico. Estima-se que até 2050 a produção anual global de plástico chegará a mais de 1,1 bilhão de toneladas. Se olharmos ao redor, veremos que tudo é feito de plástico, até mesmo as teclas desse computador em que estou digitando. Dos bilhões de toneladas de resíduos plásticos gerados globalmente, menos de 10% são reciclados. Em todo o mundo, 1 milhão de garrafas plásticas são compradas a cada minuto e 5 trilhões de sacolas plásticas são usadas a cada ano. No total, metade de todo o plástico produzido é projetado para uso único. A maior parte dessa produção nunca desaparece totalmente; o plástico apenas se divide em pedaços cada vez menores. Esses microplásticos podem entrar nos seres vivos por inalação e absorção e se acumulam em diversos órgãos. Microplásticos foram encontrados até mesmo nas placentas de bebês recém-nascidos (Ragusa et al., 2021). Sem dúvida, se pudermos voltar à Terra depois que o ser humano for extinto, haverá muito tecnofóssil para ser desenterrado. Então, requisito três, "aparecimento de novos fósseis," *checked*!

Surgimento e extinção de espécies

Surgimento e extinção de espécies de animais e plantas também é um importante critério para se classificar uma época. O Antropoceno marca o surgimento de muitas raças ou variedades selecionadas pelo homem. O lobo (*Canis lupus*), domesticado há mais de 15 mil anos, gerou até hoje 450 raças de cães reconhecidas, do minúsculo e valente chihuahua ao gigante dinamarquês. Todas essas raças são variedades selecionadas de lobo. A maioria delas jamais voltarão a se reproduzir com um lobo, mas geneticamente são a mesma espécie. O mais interessante é que o gato (*Felis catus*), domesticado há 10 mil anos no Egito, gerou apenas 73 raças, bem menos que cavalos (350 raças e domesticados há 30 mil anos) e vacas (250 raças e domesticadas há 10 mil anos). Além de animais, os seres humanos "criaram" diversas variedades de plantas: o milho (*Zea mays*), domesticado há 3.500 anos, possui mais de 250 variedades e a batata (*Solanum tuberosum*), domesticada há 7 mil anos, possui 5 mil variedades.

Apesar de nenhuma dessas variedades serem classificadas como "espécie" e muitas delas dependerem da assistência humana para se reproduzirem, quando olhamos para os microrganismos, a coisa assusta. A definição de espécie pelos microbiologistas é muito diferente da que os zoólogos e botânicos usam. Bactérias podem se recombinar com outras, então, os cientistas utilizam a similaridade do genoma para separar uma espécie de outra. Diariamente cientistas no mundo todo sintetizam novos microrganismos para diversos fins modificando sua combinação genética. Além dessas modificações genéticas, também estamos afetando as trajetórias evolutivas de muitas espécies, especialmente em organismos de importância comercial, pragas e doenças (Palumbi, 2001). Essas mudanças na evolução dos organismos podem ser observadas no crescente número de bactérias resistentes a antibióticos (as chamadas "superbactérias").

Além da criação de um enorme grupo de microrganismos e variedades de animais e plantas, o balanço da vida na Terra mudou completamente nos últimos 10 mil anos. Se tivéssemos uma balança gigante e pesássemos todos os vertebrados no planeta no início da Revolução Agrícola (10 mil anos atrás), 99% seria de animais selvagens e menos de 1% de humanos. No Antropoceno, os animais selvagens correspondem apenas a 4%, os domesticados pelo homem (vaca, cavalo, cabra, gato), 60%, e o ser humano, 36% (Bar-On; Phillips; Milo, 2018). Isso mesmo, todos os animais selvagens do planeta, de ursos polares a elefantes, gorilas ou macacos-prego e saguis, tudo, somaria apenas 4% de toda a biomassa de mamíferos no planeta. A biomassa de todos os cães domésticos é hoje igual à biomassa de todos os mamíferos selvagens terrestres, e a biomassa total de gatos é igual à de todos os elefantes selvagens na natureza (Greenspoon et al., 2023).

Para abrigar essa enorme quantidade de animais domésticos e pessoas, e alimentá-las, muitas áreas naturais foram transformadas em pastos, plantações ou cidades, e as espécies selvagens foram obrigadas a ceder seu espaço para elas. Muitas espécies selvagens tiveram seu habitat completamente destruído e se extinguiram.

A crescente preocupação sobre os destinos das populações silvestres levou os cientistas a criarem a União Internacional para a Conservação da Natureza (IUCN) em 1948. A IUCN possui 1.400 membros e coleta e analisa os dados sobre o status de conservação de cada espécie no planeta. Apesar de menos de 3% das espécies do mundo terem sido avaliadas pela IUCN, ele é o melhor sistema que possuímos para entender qual o status de conservação da biodiversidade da Terra.

Figura 1.1 – Se pudéssemos colocar todos os animais do planeta numa balança, vacas, cavalos, ovelhas e outros animais domésticos representariam 60% de todo o peso, enquanto pessoas, 36%, e toda a fauna silvestre, apenas 4%

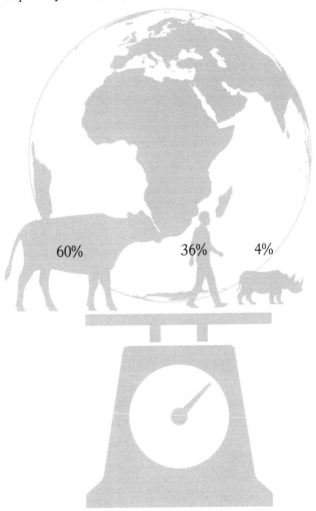

Ilustração: elaborada pelo autor

O status de cada espécie é classificado por um grupo de especialistas em oito categorias: extinta (EX, quando não existe mais nenhum indivíduo vivo), extinta na natureza (EW, quando não existem mais indivíduos vivos na natureza, mas ainda existem em zoológicos ou jardins botânicos), criticamente ameaçada (CR), ameaçada de extinção (EN), vulnerável (VU), quase ameaçada (NT), pouco preocupante (LC), ou deficiente em dados (DD). A classificação das espécies em criticamente ameaçadas, ameaçadas ou vulneráveis é baseada em quão alto é o risco de extinção em que ela se encontra. Para as espécies criticamente ameaçadas a probabilidade de extinção ultrapassa 50% em dez anos ou três gerações (ou seja, a chance de serem extintas em 20 anos é de 100%). Para as espécies no grau ameaçada (EN) a probabilidade de extinção é de mais que 20% em 20 anos ou cinco gerações (ou seja, elas poderiam estar extintas em 100 anos), e para as espécies na categoria vulnerável (VU) a probabilidade de extinção excede 10% ao longo de um século, ou seja, podem estar extintas em 1.000 anos, se as ameaças se mantiverem.

Desde o século XVI, a IUCN estima que 800 espécies foram extintas por ações humanas; destas, 75 espécies de mamíferos e 180 de aves. Nessa lista estão o touro da Europa, o auroque, extinto em 1627, a vaca-marinha-de--steller, extinta em 1768, o lobo-das-malvinas, extinto em 1876, o tigre-da-tasmânia, extinto em 1936, a foca--monge-do-caribe, extinta em 1952, e o tigre-de-java, extinto em 1980.

Apesar de espécies restritas a ilhas terem maior chance de serem extintas por terem uma população pequena, o ser humano também foi responsável por extinguir a ave mais abundante do planeta, o pombo-passageiro (*Ectopistes migratorius*). Os pesquisadores estimam que existiam mais de 3 bilhões de pombos-passageiros no oeste dos

Estados Unidos e Canadá em 1800 até sua extinção em 1º de setembro de 1914, quando a última ave em cativeiro morreu num zoológico. Em pouco mais de cem anos, todos os indivíduos do pombo-passageiro foram caçados, envenenados e mortos. O destino desta espécie parece não ser uma exceção, pois, desde 1970, os Estados Unidos e o Canadá perderam 30% de todas as aves e muitas estão cada vez mais próximas da extinção (Rosenberg et al., 2019).

Figura 1.2 – O pombo-passageiro era a ave mais abundante do mundo com cerca de 3 bilhões de indivíduos. Todos foram mortos em pouco mais de cem anos nos Estados Unidos e Canadá. Este exemplar está exposto no Museu Smithsonian de História Natural em Washington

Foto: acervo do autor

Além das espécies já extintas, a IUCN alerta que mais de 42 mil estão caminhando para o mesmo destino se o próprio homem não cessar suas ameaças. Cerca de 41% de todos os sapos e pererecas, 27% de todos os mamíferos, 13% das aves, 37% das raias e tubarões e 21% de todos os répteis estão hoje ameaçados de sumirem do planeta (www.iucnredlist.org). Essa lista inclui diversos animais como o gorila-das-montanhas (*Gorilla beringei*), que possui apenas 2.600 indivíduos na natureza, até a pequena toninha vaquita-marinha (*Phocoena sinus*), com apenas 10 indivíduos, ou o entufado-baiano (*Merulaxis stresemanni*), com apenas um indivíduo vivo nas matas do sul da Bahia. Muitas plantas também estão à beira da extinção, como a palmeira-garrafa de Maurício (*Hyophorbe amaricaulis*), com apenas um indivíduo em estado natural.

A extinção ocorre quando o número total de indivíduos de uma espécie diminui até que o último morra. Esse é o destino de todas as espécies que evoluíram na Terra, incluindo a nossa. Isso é um fato da vida. Das 4 bilhões de espécies que evoluíram na Terra, 99% delas já se extinguiram. O problema no Antropoceno não é quando uma ou outra espécie é extinta, mas sim quando muitas espécies são extintas em um curto período, e poucas novas espécies são geradas. Um ecossistema com poucas espécies é menos produtivo, gerando menos serviços para os humanos. Para se manter uma floresta em pé e saudável, é preciso uma alta diversidade de insetos para polinizar as flores, aves para dispersar as sementes, morcegos para controlar insetos comedores de plantas, bactérias e fungos para ajudar as plantas a crescerem. Quando as espécies vão sendo extintas e não são substituídas por outras, todo o ecossistema entra em colapso. A extinção de espécies afeta diretamente o bem-estar da humanidade e não é apenas um capricho dos ambientalistas. Por isso, os cientistas alertam que é fundamental para o nosso futuro evitar que espécies sejam extintas.

Registros paleontológicos, arqueológicos e históricos nos mostram que as taxas de extinções naturais mudaram drasticamente com o aparecimento do *Homo*. Há pelo menos 2,6 milhões de anos, começou a ocorrer uma notável expansão na dieta dos hominídeos que incluiu cada vez mais o consumo de carne e medula de animais (tutano). Há evidências fósseis de que *Homo erectus* aumentou consideravelmente o consumo de carne e um desses hominídeos, *Homo sapiens*, expandiu ainda mais seu cardápio carnívoro. Para sustentar seu apetite por carne, o *Homo sapiens* deixou a África à procura de novas presas e, em 120 mil anos, colonizou até mesmo as ilhas mais isoladas e remotas do planeta. A última delas a ser colonizada foi a Ilha de Páscoa (Rapa Nui), mil anos após Jesus Cristo nascer. Durante essa migração, o ser humano deixou um rastro de extinções e ecossistemas empobrecidos. Existem fortes indícios de que muitas espécies foram extintas logo após a chegada dos humanos, incluindo as seis outras espécies do gênero *Homo* que um dia compartilharam a Terra conosco. Na Europa e na Ásia, mamutes, rinocerontes-lanudos e alces-gigantes da Irlanda desapareceram. Na Austrália, marsupiais e répteis gigantes e, nas Américas, preguiças, mamutes e elefantes (gonfotérios) sumiram, coincidindo com a chegada do homem. Então, se a lista da IUCN pudesse incluir espécies extintas desde o surgimento do ser humano, teríamos que adicionar mais de 260 espécies de grandes mamíferos e mais de 2 mil espécies de aves (Steadman; Martin, 2003). Portanto, é bastante razoável aceitar que entre 800 e 3 mil espécies de vertebrados foram extintas por seres humanos desde seu surgimento 200 mil anos atrás.

Quando comparamos as taxas e magnitudes das extinções em diferentes épocas, fica claro que devemos nos preocupar seriamente com uma nova extinção em massa. A taxa é uma medida que leva em conta o número de espécies extintas dividido pelo número de anos analisados, enquanto a magnitude é a proporção das espécies extintas. Para se classificar como extinção em massa, pelo menos 75% de todas as espécies ou grupos devem ter desaparecido do registro fóssil em um intervalo de tempo curto.

34 MAURO GALETTI

A taxa típica de extinção natural difere para diferentes grupos de organismos. Os mamíferos, por exemplo, têm um "tempo de vida" médio de cerca de 1 milhão de anos, embora algumas espécies possam persistir por até 10 milhões de anos. Existem cerca de 5.400 espécies conhecidas de mamíferos vivos. Dado o tempo de vida médio das espécies de mamíferos, a taxa de extinção de fundo (ou normal) para este grupo seria de aproximadamente uma espécie perdida a cada 200 anos (De Vos et al., 2015). No entanto, nos últimos 500 anos houve 89 extinções de mamíferos, quase 45 vezes mais que a taxa prevista, e outras 169 espécies de mamíferos estão listadas como criticamente ameaçadas, ou seja, podem desaparecer em menos de 20 anos. Quando olhamos a magnitude das extinções do Antropoceno, nenhum grupo ainda alcançou 75% das suas espécies extintas, mas as cicadáceas, com 69%, e os anfíbios, com 41% das espécies ameaçadas, estão perigosamente mais próximos de uma extinção em massa.

Portanto, no Antropoceno o ser humano está abreviando a vida de diversas espécies. Mesmo criando outras, a magnitude das extinções supera e muito o surgimento de outras espécies. Então, no requisito quatro, "altas taxas de extinção", o Antropoceno está repleto de exemplos. *Checked*!

Mudanças no clima

Um dos maiores argumentos sobre o surgimento da época dos humanos é que só nós somos capazes de mudar o clima. Em um planeta, o clima é determinado por sua massa, sua distância do Sol e a composição química de sua atmosfera. Marte tem metade do tamanho da Terra e uma atmosfera que consiste principalmente de dióxido de carbono, mas que é muito rarefeita. Sua temperatura média é de -50 °C, o que praticamente inviabiliza qualquer vida nesse planeta. Vênus, por sua vez, tem quase a mesma massa da Terra, mas uma atmosfera mais espessa, composta por 96% de dióxido de carbono. A temperatura da superfície de Vênus é de +460 °C, o que torna qualquer possibilidade de vida impossível.

A atmosfera da Terra consiste em 78% de nitrogênio, 21% de oxigênio e 1% de outros gases que aquecem o planeta. O dióxido de carbono representa apenas 0,03%. Essa pequena, mas importante, concentração de gases de efeito estufa mantêm a temperatura média em 15 °C, ideal para que a vida floresça e multiplique. Sem esse 1% de gases de efeito estufa, a Terra teria uma temperatura de -20 °C. Por outro lado, o aumento desses gases pode elevar a temperatura em níveis extremamente perigosos para a vida, como acontece em Vênus.

Por isso os cientistas se preocupam tanto com o aumento de dióxido de carbono e metano na atmosfera. Quanto mais carros, fábricas e vacas, maior a quantidade desses gases liberados na atmosfera, e mais o planeta aquecerá. As concentrações de CO_2 na atmosfera já aumentaram mais de 50% desde a Revolução Industrial e continuam crescendo ano após ano. Não é por acaso que as temperaturas médias no planeta aumentaram em 1,1 °C desde 1880. Pode parecer pouco, mas isso é a média global da Terra; no Ártico as temperaturas aumentaram três vezes mais que no resto do planeta. As previsões indicam que se a humanidade não reduzir as emissões de CO_2 até 2050, a Terra poderá aquecer em 2 °C.

Esse pequeno aumento de 1,1 °C é responsável pela redução das camadas de gelo no Ártico, o derretimento de solo congelado (*permafrost*) na Rússia, o aumento das ondas de calor na Europa e de furacões no Caribe. Além disso, o aquecimento está transformando as florestas tropicais em cerrados e aumentando a frequência de incêndios florestais. Então, no requisito "mudanças no clima", o Antropoceno está repleto de exemplos para ser classificado como uma nova época geológica. *Checked!*

Bem-vindo ao Antropoceno

Mudar o nome de uma era ou época geológica pode parecer apenas um detalhe acadêmico, mas na verdade tem uma forte influência na nossa sociedade, religião, cultura, política e economia. O Antropoceno não nos coloca de volta no centro do universo como criação divina, mas nos responsabiliza pelos nossos próprios atos. No passado, as intempéries do clima, terremotos, secas, pestes ou a invasão de gafanhotos eram obras de Deus para castigar os homens. Tínhamos uma explicação extraterrestre para todos os nossos pecados.

Hoje nós somos os *Tyrannosaurus* ou os *Triceratops* vendo uma bola de fogo no céu se aproximar, a diferença é que podemos mudar o curso desse asteroide. O aumento de incêndios, as secas prolongadas, o surgimento de novas doenças, a diminuição dos pássaros e a contaminação dos rios são resultado das ações do homem que podem ser evitadas. Asteroides e erupções vulcânicas não podemos evitar. Se estamos sozinhos no Universo e não temos para onde fugir, é na Terra que teremos que resolver nossos problemas.

O Antropoceno será a última era geológica que conheceremos se não restaurarmos a biodiversidade, reduzirmos as emissões de CO_2 e restabelecermos o balanço da natureza. Se falharmos em nossa missão e, um dia, alienígenas visitarem a Terra desabitada, eles se perguntarão como uma única espécie conseguiu consumir boa parte da vida em tão pouco tempo. Talvez nos classifiquem como *Homo stupidus*, não *sapiens*.

2
O Big Mac da preguiça-gigante

Chapada dos Guimarães, 10 mil anos atrás

Uma preguiça-gigante parece o animal mais desengonçado do mundo. Uma mistura de Godzilla com King Kong mas lenta como uma... preguiça. As preguiças-gigantes surgiram na América do Sul há cerca de 35 milhões de anos e são parentes próximas das pequenas preguiças-de-coleira e parentes distantes de tamanduás e tatus. Quando esse grupo de mamíferos surgiu, a América do Sul era uma enorme ilha flutuando no oceano e não estava ligada à América do Norte, nem à África.

Pesando cinco toneladas, essa preguiça-gigante, que é chamada pelos paleontólogos de *Eremotherium laurillardi*, se arrasta lentamente pelo calor escaldante do Cerrado à procura de alimento. Um animal desse tamanho precisa comer 200 quilogramas de folhas e frutos por dia. É dezembro, a fêmea carrega um único filhote de 100 quilogramas nas costas e está rodeada por uma aura de mariposas, moscas-varejeiras e pernilongos. Com seu faro aguçado, detecta um cheiro forte de frutos azedos no ar. É um pequizeiro. A preguiça se aproxima da árvore, se levanta, fica apoiada nas patas traseiras e usa sua cauda musculosa como um tripé. Em pé, ela atinge quatro metros de altura. Ela abraça o pequizeiro com suas garras de Wolverine e com sua enorme língua colhe os frutos mais maduros. Pequenas formigas *Camponotus* tentam proteger o pequizeiro atacando o gigante (Oliveira, 1997), mas em vão.

Os frutos de pequi são bastante peculiares e um mistério para os botânicos. As plantas desenvolveram frutos coloridos e carnosos para atrair a atenção dos animais e serem comidos. Como uma isca para ludibriar peixes, os animais aceitam a oferta das plantas, mas, ao engolir os frutos, as sementes pegam carona dentro do animal, passam pelo seu estômago, chegam ao intestino e finalmente são descartadas com um monte de estrume cheio de nutrientes. Todo esse trajeto da semente é essencial para a sobrevivência do pequizeiro. A preguiça por sua vez sacia sua fome com a polpa carnosa e gordurenta.

Os frutos do pequizeiro são verdes e do tamanho de uma laranja. Aos poucos eles se racham, vão se abrindo lentamente com o calor do Cerrado, expondo uma polpa amarelada que lembra um delicioso quindim. Mas, se você já comeu um pequi, sabe que se abocanhar o fruto vai ter uma surpresa muito desagradável. Dentro da polpa macia do pequi se esconde uma semente revestida de minúsculos espinhos afiados. É como tentar comer um porco-espinho. Mas, para a preguiça, os espinhos têm pouco efeito. Ela abocanha e engole facilmente dezenas de frutos, quase sem mastigar, em algumas poucas horas. Os frutos do pequi são um fast food para esse gigante. Na verdade, um fast-food *super-size*. Um fruto de pequi tem quase o mesmo número de calorias que um Big Mac, 550 quilocalorias. Com seu enorme tamanho, uma preguiça-gigante precisa de cerca de 34 mil calorias por dia. Como a polpa gordurosa do pequi pode fornecer cerca de 300 calorias e assumindo que esse animal consiga aproveitar

40% dessas calorias, a preguiça-gigante precisaria comer um pouco mais que 280 frutos do pequi por dia. Pode parecer bastante, mas um único pé de pequizeiro, em anos bons, chega a produzir até dois mil frutos.

Meu ex-aluno, amigo e hoje professor titular da USP, Paulo Guimarães Jr., comia três Big Macs cada vez que ia ao McDonald's. Isso equivale a 75% da energia diária de que uma pessoa precisa. Com esse comportamento de glutão, ele rapidamente chegou ao peso de um filhote de preguiça-gigante com 100 quilogramas! Assim como Paulo, a preguiça-gigante não pensa em emagrecer e esse fast-food rico em gordura é importante para a preguiça produzir leite o bastante para amamentar seu único filhote. Após se saciar com os frutos, a preguiça retorna a sua posição quadrúpede e continua sua marcha à procura de abrigo e uma sombra para amamentar seu bebezão.

Não muito longe dali, à beira de um buritizal, uma manada de mastodontes (*Notiomastodon platensis*), com três metros de altura e também três toneladas, buscam frutos carnosos e água fresca. Sim, estamos no Cerrado do Brasil, onde viveu a fauna de mamíferos mais espetacular do planeta. Esqueça o Serengueti, na África Oriental, o Kruger, na África do Sul, ou o Yellowstone, nos Estados Unidos. O Cerrado brasileiro abrigava cavalos, lhamas, mastodontes, tigres-dentes-de-sabre, tatus-gigantes, preguiças-gigantes, toxodontes (um animal gigante que se parecia com um hipopótamo) e outras bestas enormes. Tudo isso misturado com antas, queixadas, lobos-guarás, veados-campeiros, emas e tamanduás-bandeira.

Em suas rotas, os mastodontes encontram as belas palmeiras bocaiuvas, com frutos de casca amarelada do tamanho de uma bola de sinuca. Esses frutos deixam um cheiro adocicado no ar e são recheados de uma polpa cremosa cheia de gordura. Para a maioria dos animais, os frutos da bocaiuva não estão ao alcance, pois se encontram a quase oito metros de altura e a palmeira é repleta de espinhos em seu tronco. Os mastodontes não ficam em pé como as preguiças gigantes, mas com suas longas trombas podem derrubar os frutos. Como alguns frutos estão muito altos e na manada há filhotes que não os alcançam, a matriarca do grupo se abraça à palmeira com sua tromba e a chacoalha, fazendo cair os frutos mais maduros. Depois de comê--los, a manada segue sua rota em busca de mais frutos e se refresca nas águas claras dos riachos próximos. Os poucos frutos que caem no solo e são ignorados pelos elefantes são vorazmente comidos pelas antas (*Tapirus terrestris*) que seguem de longe a manada. As antas são os chihuahua da megafauna, com apenas 300 quilogramas, dez vezes menores que um mastodonte.

Mais de quarenta horas se passam até que o poder laxante da polpa da bocaiuva comece a fazer efeito e finalmente esses megamamíferos começam a prestar seus serviços de disseminadores de sementes, defecando-as pelo Cerrado. Os estrumes de mais de 10 quilogramas, com centenas de sementes, se espalham pelo solo encharcado. A manada continua perambulando, indiferente ao seu serviço ecológico prestado à palmeira. O forte odor do estrume logo atrai besouros rola-bosta, que necessitam das fezes para depositar seus ovos. Cutias buscam sementes no estrume dos elefantes, as carregam e as enterram na beira da mata. Logo após as cutias, araras azuis descem ao chão e caminham desengonçadamente até os estrumes, onde devoram as sementes dispersadas pelos mastodontes. No céu, condores aproveitam as correntes de ar quente para sobrevoar a manada de mastodontes e a preguiça-gigante em busca de alguma carcaça deixada para trás. Ao longe, seriemas cantam melancolicamente num calor insuportável, enquanto todas as outras aves se calam.

Mas a sorte da preguiça-gigante e seus amigos brutamontes começou a mudar. Uma nova espécie havia imigrado para essas terras, vinda da Ásia e cruzando o Alasca rumo à Patagônia. Essa nova espécie é um predador que anda ereto em duas pernas e vive em pequenos grupos. Apesar de parecerem frágeis, eles possuem uma engenhosidade singular. Carregam consigo armas pontudas, arcos e flechas e usam o fogo para caçar animais.

Desde a chegada dessa nova espécie à América do Sul, todos os animais com mais de 300 quilogramas desapareceram. Isso inclui cavalos, mastodontes, tatus-gigantes e preguiças-gigantes. A anta é o maior animal a conseguir escapar desse novo predador e se torna o maior mamífero do continente. A extinção dessa fauna será sentida pelos seus predadores, como os tigres-dentes-de-sabre, e pelas aves que dependem da carcaça desses brutamontes, como o condor. Nenhuma espécie invasora havia conseguido tamanho estrago no meio ambiente em tão pouco tempo. Como um vírus invadindo um organismo, o *Homo sapiens* foi alcançando cada ambiente, cada montanha e cada vale.

Apenas espécies que foram domesticadas como as alpacas, lhamas e guanacos, ou aquelas que conseguem viver solitárias e escondidas na floresta, como as antas, conseguiram escapar ao extermínio humano. Esse "genocídio da fauna" levou a uma mudança drástica em todos os ecossistemas das Américas e muitas espécies de plantas que dependiam desses animais para disseminar suas sementes ficaram órfãs (Guimarães Jr; Galetti; Jordano, 2008). Hoje, uma lembrança dessa fauna bizarra pode ser apreciada apenas em museus de História Natural.

Dia após dia, durante semanas, o pequizeiro espera em vão a chegada das preguiças-gigantes para dispersar suas sementes. A bocaiuva também está órfã, seus frutos maduros caem no chão e apodrecem. Não existem mais condores nos céus e paira no ar uma ausência, um silêncio. O Cerrado nunca mais será o mesmo. O Antropoceno está só começando.

Figura 2.1 – Uma preguiça-gigante (*Eremotherium laurillardi*) com seu filhote alimenta-se de frutos do pequizeiro (*Caryocar brasiliense*) no Cerrado

Ilustração: Min Zhou

3
UM BIÓLOGO NA ARCA DE NOÉ

Campinas, 1987

Meu interesse em biologia surgiu porque gostava de criar canários, peixes-espada, lebistes, porquinhos-da--índia e periquitos-australianos. Eu também adorava ver os documentários de Jacques Cousteau na TV, um francês que viajava pelo mundo mostrando as maravilhas do mar. Geralmente os pais não sabem o que um biólogo ou um ecólogo faz e torcem para que os filhos estudem Medicina ou Direito. Os biólogos e ecólogos são os médicos e advogados da natureza. Simples assim.

Eu ingressei na Unicamp em 1986, ano em que o presidente era o José Sarney e o dinheiro chamava-se cruzado. Quero deixar claro que nessa época não existia internet, telefone celular e computador pessoal. All Star® era o tênis mais cobiçado pelos adolescentes e Legião Urbana, Titãs, RPM e Engenheiros do Hawaii eram as bandas mais tocadas na rádio. Fazer biologia parecia ser a opção mais adequada para um criador de canários, mas confesso que as aulas do primeiro ano eram chatas e decepcionantes. Biologia Celular, Bioquímica, Química Orgânica, Química

Inorgânica, Física, Anatomia Humana, Bioestatística e por aí vai. Sem nenhum interesse em nada disso, comecei a me aventurar por alguma coisa que o biólogo poderia fazer e que eu realmente gostasse.

Bem próximo à Unicamp, em Barão Geraldo, existe uma pequena mata "cheia de macacos", como diziam os moradores próximos. Eu decidi visitar o local com meu amigo Rudi Laps, um estudante fanático pela história natural dos primatas e por bandas de rock que você jamais ouviu falar. A mata fazia parte da antiga Fazenda Santa Genebra, que havia sido uma grande plantação de café no século XVIII. Parte da mata foi doada pela proprietária Dona Jandira Pamplona para a prefeitura de Campinas em 1981. O seu marido, o senhor José Pedro de Oliveira, gostava de caçar pacas e veados e por isso preservou aquele pedaço de floresta. Se não houvesse pacas e veados nessa floresta ou se o José Pedro não gostasse de caçar, essa floresta teria virado uma plantação de café. E assim foi a criação da Reserva Municipal Mata de Santa Genebra. Pode parecer um contrassenso, mas muitas reservas que existem no Brasil são oriundas de pedaços de mata que eram usadas pelos barões do café para caçar. É o caso da Estação Ecológica de Caetetus, em Gália, e da Reserva de Barreiro Rico (hoje Bacury), em Anhembi.

A Mata de Santa Genebra cresce sobre as terras mais férteis do Brasil, as chamadas "terras roxas", e é resultado do derramamento de lava de diversos vulcões por milhões de anos. Essas atividades vulcânicas foram causadas pela divisão do supercontinente Gondwana, que separou a África da América do Sul. A lava cobriu parte do Rio Grande do Sul, Santa Catarina, Paraná, São Paulo e sul de Minas Gerais, agraciando esses estados com terras de cor avermelhada e fertilidade abundante. As florestas que cresciam ali tinham tantos nutrientes no solo que foram capazes de produzir árvores espetaculares e grandiosas. Perobas, cedros e jequitibás-rosa com mais de 50 metros de altura (maiores que o Cristo Redentor!) e com 7 metros de diâmetro (Worbes; Junk, 1999) faziam da paisagem do interior paulista um lugar único. Hoje quase nada restou dessa floresta. Ao longo dos séculos, as árvores viraram madeira para as casas e ferrovias, ou carvão, e a área foi finalmente ocupada por plantações de café e cana-de-açúcar.

A Mata de Santa Genebra é então uma pequena amostra do que era essa floresta antes dos seres humanos a destruírem. Ela é um museu vivo que nos foi deixado para lembrarmos como era a natureza ali antes dos colonizadores europeus. A mata possui apenas 250 hectares, um pouco maior que o Parque do Ibirapuera, em São Paulo, mas bem menor que o Central Park, em Nova Iorque. Por ser pequena e isolada de outras matas, poucos animais conseguem viver ali. Grandes predadores (como onças-pintadas), aves de rapina (como harpias e gaviões-pega-macacos), ou grandes herbívoros (como araras, antas ou queixadas) não conseguem viver na Santa Genebra. Mas um dos maiores animais que conseguem viver nessa mata são os bugios (*Alouatta guariba*).

Os bugios estão entre os maiores primatas das Américas e podem chegar a pesar até 8 quilogramas, o que, por incrível que pareça, é o mesmo peso de um cachorro da raça pug! Se você nunca viu um bugio, deveria pelo menos ouvi-los. Eles são os macacos que emitem os sons mais altos das florestas da América do Sul. Seu som rouco pode ser ouvido por quilômetros. Os machos possuem um osso na garganta (hioide) que amplifica seu grito, que reverbera pelas árvores, calando a floresta. Sempre pela manhã ou antes de tempestades o som dos bugios acorda a floresta. Como um bom primata social, ele vive em pequenos grupos de cinco até oito macacos, sempre liderados por um único macho adulto chamado de "capelão". O capelão é avermelhado, com uma enorme barba e pesa quase o dobro das fêmeas, enquanto os demais, fêmeas, machos jovens e filhotes, são marrons.

A Mata de Santa Genebra tinha uns trezentos bugios, dispersos em duas dúzias de grupos quando comecei a visitá-la em 1986. Essa alta densidade de bugios ocorria por duas razões principais: a ausência de predadores e a farta comida. Sem predadores para se preocupar, mais bugios nascem e sobrevivem, aumentando a população. Além disso, como a mata é coberta por trepadeiras (cipós), ela fornece comida farta para os bugios. A botânica da Universidade Estadual Paulista, Patrícia Morellato, encontrou mais de 130 espécies de cipós nessa floresta (Morellato e Leitão-Filho 1996). Cipós-de-são-joão, com suas flores laranjas e cheias de néctar, cobrem a floresta em julho. Cipós de pente-de-macaco (*Amphilophium crucigerum*), com seus frutos que lembram um pente, cobrem a floresta de julho a setembro. Os cipós crescem rápido e por isso suas folhas são desprovidas de compostos químicos tóxicos que protegem as folhas de serem comidas por lagartas ou outros herbívoros. As árvores de crescimento lento, por sua vez, não podem se dar ao luxo de perder folhas para herbívoros e evoluíram folhas indigestas para não serem comidas. É por isso que os bugios adoram os cipós.

Em minha primeira visita à mata, eu e Rudi chegamos bem cedo e com olhares atentos e curiosos caminhamos pela estrada que margeia a floresta. Eu acabara de entrar na Biologia e Rudi ainda cursava o segundo ano. Tudo era novo para a gente. Cada passarinho avistado pelos nossos binóculos era anotado, suas cores, seu comportamento e o formato do seu bico. Eu não sabia identificar quase nada. Nessa época não existiam guias de campo nem aplicativos de celulares, tudo teria que ser anotado ou guardado na memória. Após andarmos por uns trezentos metros entre a beira da floresta e uma plantação de algodão, avistamos nosso primeiro grupo de bugios em um enorme e majestoso jatobá. Como todo animal selvagem, eles se assustaram com nossa presença e o capelão, bem vermelho, se aproximou e nos encarou, enquanto as fêmeas e filhotes fugiam desapercebidos. O velho macho não tinha o lábio superior, provavelmente perdido em alguma luta com outro macho. E assim nomeamos esse bando como "grupo do Boca". Todas as vezes que íamos à mata procurávamos o grupo do Boca. Esse bando tinha apenas quatro bugios quando o avistamos pela primeira vez, mas em pouco mais de cinco anos seu bando duplicou de tamanho. Parecia que o reinado do Boca era próspero e seguro, mas isso estava para mudar.

Os bugios são macacos totalmente veganos, alimentam-se apenas de folhas, frutos carnosos e de flores coloridas dos inúmeros cipós (Chiarello, 1994; Galetti; Pedroni; Morellato, 1994). Se você é vegano, sabe que precisa comer muito para obter a energia diária, ou não a gastar. Por isso, os bugios dormem dezessete horas por dia! A vida de um bugio se resume em acordar cedo, gritar com os vizinhos (ou reclamar que vai chover), comer o máximo de salada, catar alguns piolhos e dormir. Durante quatro anos eu observei semanalmente o grupo do Boca e outros bandos de bugios. Quase sempre a mesma monotonia. A vida dos bugios parecia pacata, mas, um belo dia, como num livro de Agatha Christie, houve um assassinato na mata. Um filhote recém-nascido foi encontrado morto, cheio de mordidas. Não era um predador, mas sim mordidas de outro bugio. O que parecia um fato isolado aconteceu de novo, encontrei outro filhote morto com mordidas. Afinal, por que os bugios estavam matando seus filhotes?

A sociedade dos bugios é cheia de intrigas e estresse. Nessa sociedade, apenas o capelão tem o monopólio sobre as fêmeas e ele não tolera outro macho adulto no bando. Quando um filhote macho se torna adulto, ele tem apenas dois destinos: lutar contra o capelão pela liderança ou ser expulso. Ser expulso do grupo significa perder acesso a fêmeas e um território, por isso quase sempre os filhos, quando se tornam adultos, resolvem brigar com seu pai pela liderança do bando. Então, pai (capelão) e filho se digladiam por vários dias, mordendo um ao outro, derrubando o oponente da árvore até um desistir da briga. Quase sempre o pai mantém o controle do bando, mas se o filho vence a luta e torna-se o novo capelão, ele assassina todos os filhotes existentes no bando (Galetti; Pedroni; Paschoal, 1994). Esse comportamento de infanticídio, que pode parecer monstruoso, tem explicações biológicas. Como todo mundo sabe, criar um filho é muito caro, até para os macacos. O macho gasta muito tempo protegendo as fêmeas e seus filhotes de predadores, precisa procurar alimento e proteger o bando de outros machos invasores. Se esse macho for um ótimo e eficiente capelão, mas os filhotes não forem seus próprios filhos, seus genes não passarão para a próxima geração. Ao matar os filhotes dos outros machos, quando as fêmeas entram no cio, ele pode copular com elas e ter seus próprios filhos. Dessa forma, o esforço desse macho em proteger o bando e encontrar as melhores árvores para alimentá-los será recompensado e ele poderá passar adiante seus genes. Quanto mais filhotes tiver, maior será seu sucesso biológico. Não existe altruísmo na sociedade dos bugios.

Assim como a maioria dos primatas, os bugios estão ameaçados de extinção pois dependem das poucas florestas que crescem em solo de terra roxa. Ironicamente, a história dos bugios é um contrassenso da conservação da natureza. O homem reduz as florestas dos bugios para plantar café e ao deixar pequenas manchas de florestas cria condições ideais para os bugios. Sem predadores e com fartura de cipós, a população de bugios cresce e com isso mais filhotes adultos chegam à maturidade. Em consequência, mais brigas pela liderança dos grupos surgem e mais infanticídios acontecem. Quando os cientistas mediram o cortisol, um hormônio que indica estresse em animais, descobriram que os bugios são bem mais estressados em florestas pequenas que quando estão em grandes florestas, mesmo aquelas que possuem predadores (Aguilar-Melo et al., 2013). Ou seja, é menos estressante ter um predador à sua espreita do que estar cheio de vizinhos barulhentos querendo tirar suas esposas.

Essa cadeia de intrigas no mundo dos bugios nos mostra que o comportamento, a ecologia e até mesmo a evolução das poucas espécies que os cientistas estudam nesses "museus vivos" estão longe de serem "naturais" e são mais uma marca do Antropoceno. Eu ingenuamente acreditava que estudar o ecossistema na Mata de Santa Genebra representaria estudar um exemplo intocável da natureza, mas estava muito enganado. Talvez a Mata de Santa Genebra, e tantas outras matas como ela, representem mais uma arca de Noé. Assim como numa arca, estamos todos amontoados e estressados, esperando o dilúvio acabar. O problema é que o planeta não tem onde ancorar....

Figura 3.1 – Um capelão de bugio (*Alouatta guariba*). Apenas um macho adulto é aceito no grupo

Foto: Luisa Genes

4
CAMBRIDGE:
O NASCIMENTO DE UM NATURALISTA

Cambridge, Reino Unido, 1992

Cheguei à Universidade de Cambridge, Inglaterra, no início de setembro de 1992, logo após ter defendido meu mestrado numa época politicamente turbulenta no Brasil, que acarretou ao *impeachment* do então presidente Fernando Collor. Eu tinha 25 anos e queria aproveitar ao máximo a chance que o governo brasileiro havia me dado para estudar em uma das mais prestigiosas universidades do mundo.

Tanto Cambridge como Oxford são cidades inglesas conhecidas por suas universidades. Ambas são consideradas atualmente como as melhores universidades do mundo, juntamente com Harvard, MIT e Stanford. A Universidade de Cambridge foi fundada em 1209 por professores que fugiram de Oxford depois que dois estudantes foram linchados pela população por violentarem e matarem uma mulher, mas não foram repreendidos pela Igreja, instituição que administrava e regia a universidade. Isso levou a uma revolta da população não universitária e alguns professores, temendo pelas suas vidas, refugiaram-se a uns 80 quilômetros de Oxford. Essa cidade é hoje chamada de Cambridge.

Na Idade Média, apenas os estudantes abastados eram admitidos nas universidades e possuíam status de padre. Por isso usavam becas negras e eram chamados de *gown*, para se distinguirem dos habitantes locais da cidade, chamados de *town*. As primeiras universidades surgiram na Idade Média e não eram *campi* abertos com gramados impecáveis como conhecemos hoje; eram fortalezas medievais que protegiam seus estudantes da violência e da pobreza da cidade que as circundava. Eles usufruíam de privilégios dados pelos bispos indicados pelo papa, enquanto os habitantes viviam na miséria e na violência. Os estudantes das universidades medievais não eram regidos pelas leis locais, mas pelas leis da própria universidade. Essa diferença de classes entre *town* (não acadêmicos) e *gown* (professores e estudantes) não era obviamente amistosa ao ponto que, durante a peste bubônica que afligiu Cambridge em 1660 (Williamson, 1957), a universidade negou ajuda à cidade, fechando seus portões de acesso para evitar a contaminação dos estudantes e professores. Enquanto as pessoas na cidade morriam, a universidade se fechou esperando a peste acabar.

Nesse contexto elitista, a Igreja Católica, seus papas e reis criaram as universidades europeias na Idade Média. Primeiro Bolonha (Itália), em 1088, depois Oxford, em 1096, Salamanca (Espanha), em 1134, e Cambridge, em 1209. Todas as universidades medievais foram fundadas a partir de um volumoso investimento de um rei ou rainha e certificadas por um papa. Até hoje, tanto em Cambridge como em Oxford, os reitores possuem títulos reais de Lorde ou Sir.

Somente nos tempos modernos que as cidades começaram a usufruir dos recursos gerados pela universidade, como aluguéis para estudantes, prestígio e turismo. A

Universidade de Cambridge possui hoje um investimento anual de 1,6 bilhão de libras (pouco mais de 6,4 bilhões de reais). Para efeito de comparação, o Brasil investe em torno de 4,5 bilhões de reais a serem divididos entre todas as universidades federais do país. Cambridge abriga 19 mil estudantes, 6.500 professores alocados em 31 *colleges* e 150 departamentos. Boa parte da economia da cidade depende da universidade e dos turistas.

Tanto em Cambridge como em Oxford, todos os estudantes estão associados a um *college,* onde, com os professores, residem e socializam-se. Nos departamentos, eles estudam, têm aulas e realizam suas pesquisas nos laboratórios. Cada *college* tem suas cores, tradições, influência e autonomia em escolher seus próprios membros. Exatamente como em Harry Potter, as casas Grifinória, Corvinal, Lufa-Lufa e Sonserina, se espelham nos verdadeiros *colleges*. Cada um possui um patrono (financiador), geralmente um rei, rainha ou um bispo. Os mais antigos e tradicionais, como King's ou Saint John's College, aceitam apenas estudantes ricos, brilhantes ou filhos de reis e rainhas do mundo todo. Para ser aceito na Universidade de Cambridge ou na de Oxford você primeiro tem que ser aceito pelo *college*, e somente depois é aceito pelo departamento.

A fama da Universidade de Cambridge se resume a ter 95 professores que receberam prêmios Nobel e 15 dos seus ex-alunos terem virado primeiros-ministros do Reino Unido. Em seus 808 anos, Cambridge produziu cientistas que mudaram nossa percepção do mundo. Desde a descoberta da circulação sanguínea em 1628 por William Harvey, como a descoberta da lei da gravidade em 1687 por Isaac Newton, até a estrutura do DNA descrita em 1953 por James Watson e Francis Crick. Também em Cambridge estudou um dos cientistas mais famosos e que mudou nossa percepção de quem somos e de onde viemos: Charles Darwin.

54 MAURO GALETTI

Darwin era um jovem de 18 anos quando chegou a Cambridge em 26 de janeiro de 1828. Janeiro é o pior mês para se viver em Cambridge, pois é escuro e neva com certa frequência. Como todos os quartos da faculdade já estavam cheios, ele se instalou em um alojamento em uma rua tortuosa chamada *Sidney Street*, bem próxima ao seu *college*. Darwin foi enviado por seu pai para formar-se pastor. Para isso, precisava estudar e ter um diploma de teologia e assim o fez, formando-se no ano de 1831. Se você for a Cambridge, vai encontrar o Darwin College. É apenas uma homenagem ao seu cientista mais ilustre, porque Darwin nunca foi membro desse *college*, que foi construído apenas em 1964.

Darwin era aluno do Christ's College, um dos mais tradicionais de Cambridge. Nessa época todos os estudantes eram acordados às 7h25 da manhã para participar da missa. Todos eram obrigados a assistir oito missas por semana! Depois da missa, Darwin era obrigado a assistir apenas duas aulas pela manhã, das 9 às 11 horas. Depois das aulas, os estudantes eram dispensados e às vezes encontravam-se com seus tutores às 13 horas nos *colleges*. Nessa época Darwin já colecionava e identificava avidamente besouros. Após três anos (em 1831), como todo aluno de Cambridge, Darwin fez o exame final que consistia em redigir sobre Homero, Virgílio, Euclides, aritmética, álgebra e filosofia. Darwin foi aprovado em décimo entre os 178 estudantes (Van Wyhe, 2014). Nos meses em que esperava para se graduar, Darwin conviveu intensamente com seu professor de botânica e tutor de matemática, professor John Stevens Henslow. Darwin sempre considerou a influência de Henslow uma das mais importantes na sua vida acadêmica, pois foi ele que o convidou em agosto de 1831 a participar como natura-lista a bordo do HMS Beagle, o que viria a ser a expedição científica mais importante da história. Nem mesmo a ida do homem para a Lua foi tão importante como a viagem de cinco anos de Darwin ao redor do mundo.

Eu cheguei a Cambridge após concluir um mestrado em Ecologia, era jovem e ambicioso o suficiente para saber que era uma oportunidade única. Naquela época, sair do Brasil era a melhor opção para aprender coisas novas. A Ecologia no Brasil ainda era muito jovem e com poucos cursos de pós-graduação. Eu passei minha graduação imerso nos livros de Stephen Jay Gould, George Schaller e Jane Goodall e queria me tornar um cientista brasileiro com experiência em diferentes ecossistemas do mundo e não apenas nos brasileiros. Queria me tornar um cientista antropófago, como o escritor Oswald de Andrade bem colocou em seu *Manifesto antropófago* de 1928. Absorver tudo o que há de melhor do estrangeiro, digerir e aí produzir uma ciência genuinamente brasileira.

Eu falava pouco inglês e havia sido aprovado com nota mínima no exame para ser admitido em Cambridge. Após me instalar no Robinson College e comprar uma bicicleta, fui me encontrar com meu orientador. Ele era um senhor grande de barba, cabelos lisos e grisalhos, com um inglês incompreensível. David J. Chivers era um primatólogo conhecido pelos seus trabalhos com gibões na Ásia. Ele me recebeu em seu escritório empoeirado e repleto de livros no Departamento de Anatomia Veterinária (hoje extinto). Conversou comigo durante vinte minutos e perguntou-me o que eu queria fazer de doutorado, se eu estava bem instalado e se precisava de alguma coisa. Acho que foi a conversa mais longa que tive com ele durante os quatro anos seguintes que permaneci em Cambridge. David e nosso grupo de pesquisa eram as ovelhas negras dentro do departamento porque estávamos em um departamento de veterinária e éramos todos ecólogos. Chivers era famoso por estudar a digestão de alimentos em primatas e acredito que por isso o contrataram lá. Eu havia escolhido esse laboratório por ele ter formado grandes primatólogos, como os brasileiros Márcio Ayres e Carlos Peres. O laboratório de Chivers, o Wildlife Research Group, era repleto de orientandos do mundo todo, como Índia, Bangladesh, Nova Zelândia, Malásia, Irlanda, México e Brasil. Assim, esse caldeirão cultural me ajudou a entender e aprender melhor a cultura, a política e principalmente a biodiversidade de cada país. Meu colega de Bangladesh estudava elefantes, o do México estudava raposas-anãs, o da Índia estudava tigres e minha colega da Irlanda estudava gibões na Malásia. A convivência com estudantes com diferentes ideias foi fundamental para a minha formação como cientista.

Eu escolhi estudar na Inglaterra porque a pós-graduação nas universidades inglesas é muito diferente das norte-americanas e brasileiras, uma vez que você se dedica exclusivamente a sua tese. Não queria me aborrecer assistindo aulas e fazendo disciplinas apenas para cumprir créditos obrigatórios. "Aqui sua tese pode ser brilhante ou um fiasco", enfatizou meu colega de laboratório Carlos Peres, que havia acabado de defender seu doutorado no mesmo grupo de pesquisa em que eu acabara de ingressar.

A vida estudantil mudou pouco desde que Darwin deixou Cambridge. Os estudantes não são mais obrigados a ir às missas, mas existem poucas aulas pela manhã e a tarde é quase sempre destinada a leitura e encontros com tutores. Nos jantares dos *colleges*, até hoje todos são obrigados a vestir a beca (*gown*). Os jantares são precedidos de uma breve reunião no centro acadêmico, regados a vinho do Porto e conversa fútil. Os estudantes de graduação são muito formais e geralmente expressam pouca motivação ou interesse em conversas corriqueiras (o que eles chamam de *short talk*), e qualquer coisa que você fale, eles responderão *"Hum, very interesting."*

Após o vinho do Porto, estudantes e docentes caminham em fila indiana para a sala de jantar (*dining hall*), um enorme salão com grandes lustres e mesas longas decoradas com pratos de porcelana fina e talheres de prata enfileirados. Nas paredes, quadros de famosos cientistas que viveram no *college*. Os professores sentam-se em mesas perpendiculares em um pequeno degrau acima (*high table*) e desfrutam de bebida e comida diferenciada. Os estudantes, por sua vez, sentam-se em longas mesas em posição de 90 graus em relação ao *high table*. O diretor do *college*, chamado de *warden*, inicia o jantar com um breve discurso em latim dando graça pela comida, onde todos escutam de pé. Depois de uma badalada de um gongo no centro da *high table*, o *warden* e depois os *fellows* (professores associados) se sentam e um deles anuncia em latim "*Benedictas benedictum*", que significa "Abençoado, abençoado". Só então os estudantes se sentam e o jantar é servido. Esse ritual acontece todas as quartas e sábados em todos os *colleges* da Universidade de Cambridge .

Estudar em uma universidade de prestígio e tradicional parece glamouroso, mas na verdade é um sistema altamente competitivo e pouco amistoso. Para os estudantes de graduação a cobrança por notas altas é imensa, tanto que a torre da capela principal é fechada com grades para aqueles que tiram notas baixas não se suicidem. Todo ano, pelo menos um ou dois estudantes se suicidam em Cambridge ou Oxford. Nessas universidades os estudantes se esforçam para fazer cara de inteligente, perguntas inteligentes e brilhar mais que os outros. Os estudantes de pós-graduação são cobrados a produzir teses geniais, com alta originalidade e de impacto global. Como a cobrança é sutil e não através de créditos, é comum alguns se perderem, tornarem-se alcoólatras e desistirem no meio do caminho ou, pior, serem reprovados nas defesas finais. Meu primeiro ano em Cambridge foi bastante miserável porque tive que aprender a me virar, ser autodidata e extremamente disciplinado.

Eu sabia que estava num ambiente hostil e faria poucos amigos. Como não existem disciplinas e créditos, eu frequentava a biblioteca central quase que diariamente, numa época em que não existia internet e redes sociais. A biblioteca central (UL, University Library) é um prédio enorme e moderno, com 9 milhões de livros, mapas e revistas. Essa biblioteca aumenta anualmente em 100 mil livros. Além dessa enorme quantidade de livros, a biblioteca também abriga os arquivos das correspondências e livros pessoais de Charles Darwin e uma cópia da Bíblia de Gutenberg impressa em 1455. Boa parte dos livros se encontram em corredores subterrâneos e escuros que podem ser percorridos ligando as luzes por *timers*. Esse porão de livros certamente é um lugar ideal para filmes de terror, onde as luzes se apagam após alguns minutos.

Eu passei muitas horas no subsolo da biblioteca central lendo e folheando livros e teses originais. Folhear a tese original de cientistas como Dian Fossey sobre os gorilas da montanha, ou ler a tese de Jane Goodall sobre o comportamento de chimpanzés é muito estimulante para qualquer jovem estudante. Além da enorme biblioteca, Cambridge possui diversos sebos e livrarias espalhados por toda a cidade e era minha diversão predileta aos finais de semana procurar livros raros.

Os verões ingleses são curtos, o frio e a chuva são constantes e a culinária local é péssima. Por isso, os livros e um bom chá preto com leite e biscoitos amanteigados foram a melhor companhia para eu mergulhar em mim mesmo. Essa solidão foi essencial para decantar minhas ideias, amadurecer pessoal e cientificamente. Tentei me afastar de "sociedades" e "clubes" de brasileiros para que meu inglês melhorasse rapidamente. Havia poucos brasileiros estudando na universidade, mas centenas de estudantes adolescentes nas escolas de inglês. Eles andavam em grupos de brasileiros e, mesmo passando vários meses na Inglaterra, mal conseguiam pedir uma pizza no restaurante. Os japoneses andavam apenas com japoneses, os mexicanos apenas com mexicanos e os brasileiros apenas com brasileiros.

No meu primeiro ano, morei no Robinson College, situado na *Grange Road*, uma avenida afastada do centro turístico, cercada por campos verdes de rúgbi e belas macieiras. Fundado em 1971, Robinson havia sido construído por um milionário britânico que decidiu ter seu nome imortalizado, construindo um *college* em Cambridge. Robinson não se parece com os antigos e tradicionais *colleges*. Seus quartos são modernos e sua construção destoa das outras por mais parecer uma penitenciária de tijolinhos de barro. Eu morava em um pequeno chalé ao fundo do prédio principal com estudantes de pós-graduação. O chalé é cercado por jardins bem cuidados, onde um pequeno riacho corta melancolicamente o terreno e se parece com a casa da Branca de Neve. Cada aluno tinha seu próprio quarto, mas dividia a cozinha e os banheiros com outras cinco pessoas. Meu quarto tinha espaço apenas para uma cama de solteiro, uma pia e uma pequena escrivaninha com uma luminária. Era o menor quarto do *college* e certamente o mais barato: 400 libras esterlinas por mês (cerca de 2 mil reais por mês). Eu ganhava uma bolsa do Brasil de 700 libras, então, sobrava um pouco de dinheiro para comprar livros e comer.

Como não havia aulas para estudantes de doutorado, eu passava o dia indo a seminários e palestras. Nas madrugadas geladas passava meu tempo escrevendo artigos científicos com dados coletados durante meu mestrado. No dia seguinte, sempre acordava tarde, tomava café da manhã depois que todos já tinham ido para os seus departamentos.

Ao descer as escadas íngremes da casa, eu encontrava Veronica Smith, uma inglesa simpática que ia diariamente preparar as camas e limpar a cozinha e o banheiro. Ela era muito amável e torcedora fanática do Cambridge Football Club, um clube da terceira divisão do campeonato inglês. Veronica adorava viajar pela Inglaterra com seu marido em um trailer tirando fotos da natureza. Quando ela soube que eu era do Brasil, me adotou como um filho. Contou-me que criava alguns papagaios brasileiros em sua casa e era uma ornitóloga amadora. Seu inglês era terrível de entender e no começo eu respondia apenas *"yes"* e sorria. Aos poucos fui me acostumando com o sotaque de Veronica, bem diferente do que ouvia dos professores de Cambridge. Na Inglaterra o sotaque indica seu status social, como as castas sociais. Era comum entrar em casa e ter algum encanador ou eletricista consertando algo, mas era impossível compreendê-los. A classe proletária inglesa se comunica com a variante do inglês chamada *cockney*, um dialeto londrino composto por rimas e gírias particulares. Por sua vez, a rainha possui um sotaque da BBC, aquele que aprendemos nas aulas de inglês no Brasil. Quando se chega à Inglaterra, quase ninguém fala como a realeza.

Na Universidade de Cambridge, os estudantes do primeiro ano não têm permissão de ter carro e praticamente todo aluno possui uma bicicleta. Eu pedalava diariamente sob uma fina neblina, o famoso *fog* inglês. No meu caminho era frequente eu encontrar o físico Stephen Hawking. Ele já era famoso entre os leigos pelo livro *Uma breve história do tempo*, mas não havia se transformado em filme de Hollywood. Hawkins descobriu ter esclerose múltipla quando ainda era aluno de doutorado e perdeu seus movimentos motores ainda muito jovem. Ele percorria as estreitas ruas da cidade em uma cadeira de rodas elétrica acompanhado por uma enfermeira e nos deparávamos com ele frequentemente.

A Universidade de Cambridge atrai grandes cientistas e era relativamente comum vê-los andando pelas ruas ou nos seminários dos departamentos. Assisti palestras de Francis Crick (descobridor da estrutura do DNA), Jane Goodall (primatóloga) e Peter e Rosemary Grant (evolucionistas). Nessa época não existiam as *selfies* nem bajulação de celebridades e subcelebridades. A vida era ao vivo, e não online como nos dias de hoje. Esse turbilhão de inspirações é uma receita ideal para formar jovens cientistas.

O principal compromisso que os estudantes de doutorado têm é de escrever em seu primeiro ano um projeto e passar num exame oral. Estar rodeado de estátuas de grandes cientistas é certamente um enorme estímulo, mas também uma enorme pressão. Como ter uma ideia brilhante para um doutorado? Afinal, qual projeto científico pode ser tão relevante como descobrir a circulação sanguínea, a gravidade ou a estrutura do DNA? Qualquer coisa que eu pensasse em fazer seria medíocre num ambiente tão competitivo como esse.

Em 1990, a Ecologia Tropical pré-internet e anterior ao *big data* era focada em testes de hipóteses com experimentos bem controlados e em ambientes simples. Por isso, a maioria dos ecólogos que quisessem publicar em boas revistas estudavam invertebrados ou plantas, porque podiam realizar experimentos em laboratório. Uma das questões mais importantes a serem respondidas na Biologia é entender o que determina o número de espécies em um lugar. Essa pergunta simples começou a ser melhor compreendida apenas na década de 1960.

Robert Paine era um jovem zoólogo da Universidade de Washington, nos Estados Unidos, no final da década de 1960, e procurava um ecossistema próximo à universidade para desenvolver seus estudos. Na baía de Makah ele encontrou costões rochosos com uma alta diversidade de espécies como ouriços-do-mar, estrelas-do-mar, mexilhões, algas, lesmas, lapas e cracas. Depois de descrever quais espécies ocorriam e suas abundâncias, Paine estudou quem se alimentava de quem nesse pequeno ecossistema. Ouriços comiam as algas, lesmas comiam mexilhões e a bela estrela-do-mar *Pisaster ochraceus* comia todas as espécies, um predador de topo como um leão na savana. Paine, pela primeira vez, realizou um experimento manipulativo no campo para testar se a remoção de um predador de topo afetaria a diversidade de espécies no costão rochoso. Ele escolheu zonas no costão onde removeu manualmente todas as estrelas-do-mar e usou outras áreas sem remover as estrelas para comparação. Após um ano e meio, Paine voltou ao costão rochoso onde as estrelas-do-mar foram removidas e notou que, das 15 espécies que havia amostrado, apenas 8 ainda estavam lá. A contínua remoção de estrelas-do-mar deixou o costão rochoso com apenas mexilhões e provou que a remoção de um predador de topo poderia afetar toda a diversidade em um ecossistema. Paine chamou as estrelas-do-mar de "espécie--chave" pois elas desempenham um papel fundamental para controlar a diversidade na comunidade (Paine, 1966).

Esse trabalho teve enorme repercussão na ecologia e diversos pesquisadores começaram a descobrir que lontras, onças-pintadas e lobos eram espécies-chaves. Esses predadores controlam a abundância de suas presas, que por sua vez controlam indiretamente os produtores primários (plantas). A extinção dos predadores levaria a um aumento populacional das presas, que por sua vez causaria uma enorme pressão na vegetação, colapsando toda a comunidade. Paine teve uma ideia brilhante e testou isso em um ecossistema extremamente simples, mas será que em ecossistemas mais complexos como as florestas tropicais existiriam espécies-chaves? Como dizia o ditado, todas as espécies na natureza são importantes, mas algumas são mais importantes que outras.

Em 1986 o pesquisador norte-americano John Terborgh sugeriu que as plantas também poderiam ser espécies-chaves. A sua hipótese era de que, apesar de as florestas tropicais passarem uma imagem de fartura e abundância de comida, durante o inverno existe uma extrema escassez de alimento. As poucas espécies de plantas que frutificam ou florescem nessa época acabam sustentando a maioria dos animais. Terborgh sugeriu que os frutos das figueiras e das palmeiras seriam espécies-chaves pois matam a fome dos animais no rigoroso inverno (Diaz-Martin et al., 2014).

A ideia de que plantas também poderiam ser espécies-chaves era nova e atraente para ser testada. Eu tinha acumulado experiência com aves e mamíferos durante meu mestrado e pensei que poderia fazer um experimento em larga escala para descobrir se existem espécies-chaves na Mata Atlântica. Eu já desconfiava que o palmito-juçara (*Euterpe edulis*) poderia ser um forte candidato, faltava apenas colocar isso à prova.

O palmito-juçara é uma palmeira típica da Mata Atlântica. Apesar de ser uma das plantas mais comuns, a maioria das pessoas a conhece nos potes de vidro na forma de palmito. O que pouca gente sabe é que o que comemos é o meristema apical da palmeira e que, para extrair o palmito, é preciso matar a palmeira. A juçara leva pelo menos dez anos para produzir um palmito de 30 centímetros de comprimento. Os animais na floresta não comem o palmito, mas sim seus frutos, que são semelhantes aos do seu famoso primo amazônico, o açaí. Os frutos da juçara são verdadeiras bombas calóricas, cheios de gordura, e são tudo o que uma ave esfomeada precisa para sobreviver ao inverno da Mata Atlântica. Então, eu achei que tinha nas mãos um projeto original: eu iria testar se o palmito-juçara seria uma espécie-chave na Mata Atlântica. Assim como Paine, eu pensava em comparar a diversidade de aves em florestas com e sem frutos de palmito. Se as áreas sem palmito apresentassem menor diversidade, bingo! O palmito poderia ser uma espécie-chave na Mata Atlântica. Isso teria consequências para sua conservação, porque as juçaras estavam se tornando cada vez mais raras por causa da exploração ilegal para o consumo do palmito.

Apresentei isso ao meu comitê de orientação; como iria coletar os dados, analisar e quais produtos poderiam ser gerados. A defesa de projetos em Cambridge é realizada com dois professores de outros departamentos em uma sala fechada, onde o aluno e a banca se vestem com becas, num ambiente nada amistoso. Muitos estudantes são reprovados já na defesa do projeto e eu sabia que estava propondo um projeto arriscado e ambicioso. Afinal, como eu faria para remover os frutos dos palmitos da floresta e medir o que acontece depois? Com uma frieza britânica, um dos professores apertou minha mão após duas horas de defesa de projeto e disse apenas: "Good luck", num misto de ironia e desconfiança.

Naquele momento eu achava que seria simples fazer os experimentos, assim como fez Paine nos costões rochosos. Havia me preparado durante doze meses, lendo livros, relendo trabalhos científicos, indo a seminários e palestras e discutindo minhas ideias com meus colegas e meu orientador. Essa imersão teórica foi uma das fases mais importantes na minha formação como um naturalista do novo século, eu tinha toda a experiência de campo adquirida ao longo do mestrado, mas agora estava munido de novas hipóteses a serem testadas. Era hora de voltar ao Brasil, afinal, como dizia o poeta Gonçalves Dias (2001):

Minha terra tem palmeiras,
Onde canta o sabiá;
As aves, que aqui gorjeiam,
Não gorjeiam como lá.

Figura 4.1 – Caminho florido na Universidade de Cambridge (Inglaterra), com o King's College ao fundo

Foto: Luana Hortenci

5
SAIBADELA:
A FLORESTA DOS PALMITOS

Sete Barras, Brasil, 1993

O Saibadela é um lugar escondido no Vale do Ribeira, que fica no sul do Estado de São Paulo, perto de lugar algum e longe de tudo. Descendo pela Serra da Macaca, passando por dentro das matas do Parque Estadual Carlos Botelho, chega-se à pequena vila de Ribeirão da Serra no sopé da Serra de Paranapiacaba. A vila é repleta de igrejas evangélicas, um posto telefônico e casas velhas cobertas com musgos. Atravessando a vila, uma estrada de barro margeia um rio raso e largo, o Rio Saibadela. As enormes poças d'água ao longo da estrada nos avisavam que ali devia chover sem parar.

Naquele lugar as ruas, as vilas e os rios não tinham nome. Sem GPS ou alguém para perguntar o caminho, eu e meus amigos Isaac e Aleixo percorremos desconfiados a estrada esburacada sem saber se chegaríamos ao nosso destino. No caminho avistavam-se antigos quilombos, cachorros e casas abandonadas no meio de tristes plantações de banana. "Será que alguém mora aqui?", pensei. Ao final da estrada, já achando que tínhamos errado o

68 MAURO GALETTI

caminho, chegava-se a uma pequena casa rodeada pela floresta. Havíamos chegado à base de pesquisa do Saibadela, que faz parte do Parque Estadual Intervales. Era ali mesmo que eu iria passar um bom tempo da minha vida, fazendo meu doutorado.

A base de pesquisa se resumia a uma pequena construção de alvenaria com dois quartos com beliches, dois banheiros com chuveiros nada confiáveis e com teto de telhas de amianto. Não existia eletricidade ali. A poucos metros da base, uma pequena casa abrigava o zelador, Seu Vieira, e sua esposa, Dona Fátima. Como a base de pesquisa recebia raros visitantes, Seu Vieira e Dona Fátima tinham um olhar desconfiado e falavam pouco, muito pouco. Dona Fátima nos recebeu com um café doce e extremamente quente. Seu Vieira era o único guarda-parque de toda a região e era um guardião da floresta contra palmiteiros e caçadores.

O Parque Estadual Intervales fazia parte de uma antiga propriedade do banco Banespa e tinha como função a exploração de palmitos-juçaras. Felizmente a fazenda foi transformada em área de proteção permanente em 1995 e hoje protege uma das maiores biodiversidades da Mata Atlântica. Como a Intervales está conectada com outros parques, a área de floresta estende-se por mais de 100 mil hectares, cobrindo boa parte da Serra de Paranapiacaba até se juntar à Serra do Mar no litoral. Essa longa muralha coberta de floresta sempre-verde é a maior área florestal de toda a Mata Atlântica. É lá que residem as últimas populações de onças-pintadas, muriquis, jacutingas e palmitos.

A floresta no Saibadela é um imenso jardim botânico, onde bromélias, micro-orquídeas, figueiras estranguladoras, begônias e musgos se misturam e criam um enorme mosaico de cores. As árvores e palmeiras dominam a paisagem nas montanhas. Essa muralha verde está longe de ser monotônica, pois cada folha possui uma tonalidade, forma e textura diferente. Bandos de aves de diversas cores aparecem e desaparecem num piscar de olhos. Ao fundo, um som de um ferreiro batendo seu martelo anuncia que as arapongas estão descendo a serra. No final da tarde uma névoa desce a montanha trazendo uma chuva fina. Por onde se olha, existe vida em abundância.

A escolha de trabalhar nesse fim de mundo foi proposital pois estava procurando as últimas grandes populações de palmito-juçara da Mata Atlântica. A juçara foi descrita pela primeira vez pelo botânico alemão Karl Friedrich Philip von Martius referindo-se a uma deusa grega da música (*Euterpe*) e ao seu valor comestível (*edulis*). A juçara ocorria em quase toda a Mata Atlântica, de Pernambuco até o norte da Argentina. Com exceção de alguns macacos-pregos (Brocardo et al., 2010), apenas o ser humano explora o palmito para consumo. Pero Vaz de Caminha em 1500 e até mesmo Darwin relatam ter provado o palmito da juçara. Na década de 1970, o uso do palmito em diversas receitas brasileiras, especialmente em empadas, pizzas e saladas, trouxe mais exploração dessa palmeira. Com isso, milhões e milhões de palmeiras são mortas anualmente para saciar os prazeres gastronômicos dos humanos. Hoje existem poucas populações naturais de juçara que não tenham sofrido com o corte para a produção do palmito. Apenas em locais de difícil acesso, montanhoso ou protegido ainda se encontram as florestas de juçaras. O Saibadela é uma dessas poucas áreas.

O Vale do Ribeira, onde fica o Saibadela, além de esquecido, também é conhecido como o "cinturão da fome". É uma região pobre, sem infraestrutura e repleta de pequenas cidades e vilas encravadas na borda das florestas. Umas das cidades chama-se Sete Barras e, como em quase todas as cidades do Vale do Ribeira, muita gente vive do corte ilegal do palmito ou de pequenos "bicos".

Sete Barras é uma cidade parada no tempo. A maioria das ruas são de barro ou, quando asfaltadas, esburacadas, e desertas, e as poucas pessoas tristes e caladas ficam sentadas na praça sem fazer nada. Jovens, velhos e crianças passam o dia esperando algo acontecer. Quase não existe comércio e as poucas pessoas que possuem emprego são funcionários públicos. É nessas cidades que atravessadores contratam as pessoas desempregadas para cortar e roubar palmitos nos parques, os chamados "palmiteiros". O trabalho é pago por dia e pela quantidade de palmito cortado. O palmiteiro invade uma área à noite, se embrenha mata adentro e durante dez ou quinze dias corta o máximo de palmitos que encontrar pela frente. Em duas semanas de trabalho, um palmiteiro pode cortar até trezentos palmitos por dia e ganhar um pouco mais que dois salários-mínimos. Os palmitos cortados precisam ser processados rapidamente e por isso são cozidos ainda no mato em condições mínimas de higiene. O atravessador, por sua vez, coleta os palmitos processados em pontos estratégicos e os transporta para galpões precários no meio da mata ou na periferia da cidade para serem envazados em pequenos vidros. Esse atravessador chega a ganhar até oito vezes mais que o palmiteiro. Os palmitos envazados recebem depois um selo fictício com a aprovação do órgão ambiental. Nessa cadeia produtiva o dono da "fábrica" chega a ganhar até oitenta vezes mais que o palmiteiro pela mesma quantidade de palmitos (Galetti; Fernandez, 1998). Essa economia ilegal abastece restaurantes e supermercados de São Paulo e Curitiba. Como é um negócio ilícito, extremamente rentável, tem atraído cada vez mais facções criminosas armadas e que inibem até mesmo os poucos e desarmados guarda-parques. O tráfico de palmito é tão intenso que uma vez, conversando com um agente da Polícia Ambiental, ele comentou: "Se fosse prender palmiteiro toda vez que eu encontro um, só faria isso o dia todo".

O que pouca gente sabe quando se saboreia um palmito é que estamos tirando recursos de mais de cinquenta espécies de aves e mamíferos que necessitam dos frutos da juçara para sobreviver ao rigoroso inverno (Galetti; Aleixo, 1998). Apesar de ter mais de vinte mil espécies de plantas em toda a Mata Atlântica, pouco mais de uma dúzia de espécies são responsáveis por alimentar a fauna no inverno. O palmito-juçara é uma delas. Os frutos da juçara são ricos em gordura e antioxidantes e essenciais para os animais da floresta (Schaefer, 2011). Sabiás, pavós, jacus, jacutingas, arapongas, macucos, tucanos, araçaris, periquitos, cutias, pacas, veados, antas e queixadas estão entre os animais que precisam dos frutos da juçara. Durante o inverno um terço das sementes que caem no chão da floresta, ou 40 kg de frutos por hectare – o que equivale a 40 mil frutos – são de palmito-juçara (dos Reis et al., 2000). Toda essa fartura de comida sacia a fome e os requerimentos energéticos dessa rica fauna.

Se por um lado muitas aves e mamíferos dependem dos frutos da juçara, a grande maioria das árvores da Mata Atlântica depende das aves e dos mamíferos para a dispersão de sementes. Quando uma árvore morre e cai, abre-se uma enorme clareira na floresta. Essa clareira é logo invadida por sementes trazidas por aves e morcegos que fazem o papel de cicatrizar essa ferida na mata. Oitenta por cento de todas as árvores da Mata Atlântica dependem de animais para dispersar suas sementes (Almeida-Neto et. al, 2008). Canelas, guabirobas, ingás, jatobás, bicuíbas, copaíbas, figueiras e muitas outras árvores dependem de animais para semearem suas sementes pela floresta. Sem esses animais, a floresta sucumbiria, pois a grande maioria das sementes cairiam embaixo da planta-mãe e não conseguiriam competir pela luz e nutrientes com a própria mãe. Além disso, as sementes que não são levadas pelos animais são destruídas por insetos e roedores. Na natureza nada é perdido.

Essa intricada relação entre a juçara e os animais da floresta me despertou o interesse em estudar o que aconteceria com uma floresta se todos os palmitos fossem extraídos. Para isso eu precisava achar um local repleto de juçaras e obviamente teria que ser um lugar remoto, como o Saibadela. O que eu não imaginava é que a juçara gostava tanto de água e que choveria tanto nessas florestas. Lembro-me que quando li um artigo do botânico norte-americano Alwyn Gentry, que mostrava que áreas com alta diversidade de plantas estão em áreas com altas precipitações, pensei: "Tomara que na minha área de estudo chova bastante...", e choveu. Durante os 365 dias em que desenvolvi meu trabalho, choveu pelo menos em 320 deles. Houve meses em que o pluviômetro do laboratório transbordou, literalmente, acusando chuvas de mais de 600 mm em um único dia. Com tanta chuva, tudo se enche de fungos: suas roupas, a câmera fotográfica, o computador, as paredes da casa, a comida e obviamente seu ânimo.

A minha rotina após retornar da mata se resumia em tentar secar alguma coisa muito molhada numa estufa de plantas aquecida por gás, já que não existia luz elétrica. Achar uma meia seca no fundo da mala era uma verdadeira preciosidade. Além de muita chuva, o Saibadela apresenta extremos de temperatura. No inverno, ela atinge menos de 5 °C e não é raro a friagem congelar parte da vegetação. No verão, as temperaturas podem chegar a mais de 35 °C e a casa de pesquisa se transforma numa verdadeira sauna.

Um trabalho de campo não se faz sozinho e, com a ajuda de Isaac e Aleixo, iniciamos a árdua tarefa de abrir trilhas com facões guiados por nossas bússolas baratas. Numa época em que não existia GPS, abrir uma trilha de um quilômetro dentro da mata fechada levava quase um dia inteiro. Nós abrimos vários quilômetros de trilhas, marcamos e coletamos todas as árvores que produziam frutos. Cada árvore recebia uma plaquinha que seria depois monitorada mensalmente pela minha assistente e botânica, Valesca Zipparro. Recém-formada em Ecologia pela Unesp, ela juntou-se a mim, Isaac e Aleixo para estudar fenologia – área da Botânica que investiga como as plantas se desenvolvem ao longo de seus diferentes estágios. Todos os meses, reclamando da chuva, das baratas do alojamento ou do binóculo embaçado, Valesca inspecionava cada árvore marcada para ver se havia flores ou frutos. Preenchia planilhas enormes embaixo de chuva e sempre passava boa parte do tempo tentando enxugá-las.

Ao lado do Saibadela, fora do parque, existia uma floresta também exuberante, porém sem um único palmito--juçara. Era o sítio do Betão, um quilombola plantador de bananas. O sítio tinha uma pequena plantação de banana e não possuía animais, apenas um casebre na beira da estrada. Betão tinha o olhar cansado, pouco falava e tinha uma esposa que também pouco falava, mas foi gentil em ceder seu sítio para nosso projeto. O sítio do Betão não tinha palmitos porque toda vez que a economia local ruía, seja pela queda na safra da banana ou pelas cheias do rio, as pessoas eram obrigadas a cortar palmitos para sobreviver. Essa diferença na quantidade de palmitos-juçara entre o parque e a mata do Betão era a situação ideal para comparar se a ausência da juçara iria afetar a diversidade de aves.

Os dias se passavam e a rotina era quase sempre a mesma: acordar bem cedo, tomar um café forte com pão com manteiga, botar uma roupa seca, se besuntar de repelente de insetos e ir para as trilhas. Enquanto Aleixo contava as aves, eu tentava observar o que elas estavam comendo. Valesca percorria outra trilha contando os frutos nas árvores. Nunca um dia era igual ao outro. Sempre tinha uma cobra ou um enxame de vespa para te tirar da monotonia. Aos poucos você ia virando um morador e começava a fazer parte da floresta.

Minha tese não era apenas observar aves, mas sim testar uma hipótese. Meu plano inicial era remover todos os frutos de palmito-juçara e comparar com outras áreas das quais não removeria frutos, mas essa ideia mostrou-se inviável. A floresta do Saibadela tinha 500 juçaras por hectare, cada uma com dois, às vezes três cachos. Eu teria que remover pelo menos 3 mil cachos de palmito para testar minha hipótese... Como todo aluno de doutorado, eu tive que acionar o plano B do projeto, que vislumbrei na possibilidade de comparar duas florestas. Era a única saída para testar se o palmito era realmente uma espécie-chave na Mata Atlântica.

Toda semana visitávamos o sítio do Betão contando todas as aves frugívoras, como arapongas, jacus, jacutingas, araçaris, tucanos, sabiás e papagaios. Eu imaginava que se o palmito-juçara fosse uma espécie-chave na Mata Atlântica, a floresta sem palmito não teria muitas aves frugívoras. Mas florestas tropicais são bem mais complexas que costões rochosos em mares gelados, como o de Paine. Diferentemente dos ecólogos norte-americanos e europeus que trabalham com sistemas extremamente simples, nas florestas tropicais existem milhares de interações que não conhecemos e não detectamos. Entender se o palmito é ou não chave é como dar um tiro no escuro e acertar no alvo, mas valia a tentativa.

Depois de quase dois anos de trabalho de campo, muito pernilongo, mutuca, marimbondo e chuva, encontramos que, das quinze espécies de aves que se alimentam regularmente de frutos da juçara, cinco delas eram menos comuns na floresta sem palmito, como a jacutinga, o tucano-de-bico-preto, o pavó, o sabiá-cica e o crocoió. Por outro lado, outras três aves aumentaram sua abundância na floresta do Betão, como o jacu, o tropeiro-da-serra e o araçari-banana. Sobre as outras sete espécies, não conseguimos chegar a nenhuma conclusão porque eram raras demais nas duas florestas. Nosso trabalho mostrou que o palmito poderia sim ser uma espécie-chave para pelo menos um terço das aves que consomem seus frutos (Galetti; Aleixo, 1998). Isso tem enorme importância para a conservação da Mata Atlântica, porque o palmito-juçara vem sendo explorado ilegalmente mesmo dentro das áreas protegidas. Por outro lado, nem todas as aves sucumbem ao corte do palmito e isso era uma boa notícia. Será que podemos ou não explorar a juçara na floresta? Podemos comer o palmito na empada sem peso na consciência?

Plantas em geral não têm um apelo de conservação como os animais peludos e bonitinhos. As pessoas se identificam com o brilho dos pelos dourados do mico--leão, o sorriso do golfinho ou o olhar piedoso do panda, mas ninguém tem dó de comer um palmito quando vai a um restaurante. Por isso, simplesmente fazer campanha de "não coma palmito" não funciona. Nem mesmo para os veganos. Durante anos os pesquisadores tentam buscar alternativas para explorar palmitos de forma sustentá-vel, seja plantando palmeiras que produzem palmito em pastos como a pupunha e a palmeira-real, seja plantando juçaras em larga escala para produção de palmito. O problema é que é sempre mais lucrativo invadir ilegalmente áreas públicas e roubar o palmito de um parque a ter uma plantação legalizada, pagar impostos e funcionários. Será que precisamos realmente consumir palmito? Se quisermos conviver com uma natureza saudável, teremos que resistir às tentações de produtos não sustentáveis e buscar alternativas.

Subi em um pequeno morro no Saibadela e olhei para o vale coberto de uma luxuriante floresta onde escutava ao longe arapongas, macucos e sabiás. Silhuetas de palmitos--juçaras faziam dessa paisagem uma pintura. Era uma das últimas florestas intactas de juçara na Mata Atlântica. Voltei cansado para a base de pesquisa e depois de um banho frio (eu falei que o chuveiro não era confiável) me deitei. Fechei meus olhos. Mesmo tarde da noite só conseguia sonhar com sons de tirivas, periquitos, arapongas e sabiás. Se pensasse que esses sons dependiam da sobrevivência de uma palmeira e que ela dependia da nossa vontade em parar de comer palmito, o sonho podia me deixar acordado a noite inteira. Acho que é melhor contar carneirinhos...

Figura 5.1 – Uma floresta repleta de palmitos-juçaras, hoje uma raridade na Mata Atlântica

Foto: acervo do autor

6
O ORNITÓLOGO CEGO

O dia começava bem cedo no Saibadela, antes das 5 horas da manhã ouvia Aleixo acordar resmungando em ter que colocar as meias molhadas. Lá fora um breu assombroso e o termômetro marcando 5 °C. Enquanto no verão as temperaturas durante o dia alcançavam 38°C, o inverno pode congelar seus ossos. O teto de amianto do alojamento gotejava água fria em cima da nossa cama.

Somente um café forte nos daria coragem de encarar a floresta ainda escura e envolta em uma fria névoa. Na mata, os primeiros sons iniciavam a grande sinfonia que estávamos por ouvir. As primeiras aves a cantar são as juruvas (*Baryphthengus ruficapillus*) e os falcões-relógio (*Micrastur semitorquatus*). Como elas conseguem capturar suas presas sem a luz, é uma grande incógnita para os biólogos. A sinfonia vai aumentando em tons e timbres, onde as saíras, os chupa-dentes e as choquinhas fazem a base e as arapongas ao longe mantêm o compasso. Um bando de tirivas corta a sinfonia sem perder o ritmo. Nem Mozart inventaria tantas notas, tantos sons. Essa sinfonia sobe o tom nas primeiras horas da manhã e vai sumindo, silenciando quanto mais o sol sobe no horizonte. Só quem acorda cedo tem o prazer de ouvi-la.

A grande maioria das aves só canta durante uma curta estação reprodutiva que começa em setembro e termina em dezembro. É como se nós só falássemos durante três ou quatro meses e passássemos todo o resto do ano mudos. No começo de setembro, com o aumento da temperatura e da luminosidade, ocorre um *boom* de flores e frutos, a oferta de insetos é um estopim para que as aves comecem a se reproduzir. Praticamente todas as aves alimentam seus filhotes com insetos e por isso se reproduzem quando há mais comida.

Na época reprodutiva a diversidade de sons e cantos belíssimos não intimida as aves que não sabem cantar, ou que pelo menos não seriam um sucesso nas rádios. Como num programa de calouros, algumas aves não possuem habilidade de cantar, mas são exímias percursionistas, como as jacutingas (*Pipile jacutinga*). Essa ave, que chega a pesar quase 2 quilogramas, parece uma galinha preta que saiu maquiada do salão de beleza. Com uma bela crista branca, um gogó vermelho e olhos pintados de azul, ela é uma das aves mais belas da Mata Atlântica. Porém, a jacutinga não nasceu para cantar, tem apenas um piado fino e desafinado. Mas, para atrair as fêmeas, os machos desenvolveram um comportamento de "rasgar as asas" enquanto fazem voos curtos. Esse atrito das penas das asas reproduz um som único na mata que pode ser ouvido por quilômetros. O som parece uma motocicleta antiga, "rarararara rararararara". A jacutinga não é para ornitólogos amadores.

Aleixo escutava cada canto e anotava o horário e a espécie numa planilha de campo. Mesmo sons com poucas notas eram identificados, lembrando aqueles concursos na TV, "Qual é a música?". "Huhuhu" – "Esse é o *Micrastur*", anotava ele. O engraçado é que Aleixo tem

UM NATURALISTA NO ANTROPOCENO **79**

6 graus de miopia e carregava um binóculo barato bem embaçado, mas em uma única manhã, identificava pelo canto mais de sessenta espécies diferentes de aves, das quais a grande maioria nunca vimos pessoalmente.

A grande frustração de se andar numa floresta tropical é que é muito difícil ver os animais. Como somos primatas diurnos, a visão é nosso sentido mais importante. Ouvir e identificar centenas de aves, seus cantos, tons e notas, é um privilégio de poucos. É como ter um ouvido absoluto de um pianista. Apesar de haver muitos pianistas, bem poucos conseguem ouvir e notar todas as diferenças de timbre de cada nota. Por isso, um ornitólogo pode até ser cego, pois ouvir é mais importante que ver. Mas se ficar surdo, ele passará despercebido por uma centena de espécies de aves escondidas na vegetação. Tragicamente, com o avançar da idade, muitos ornitólogos perdem a capacidade de ouvir sons agudos e passam o resto da vida dependendo apenas dos binóculos.

A cada dia incluíamos mais uma espécie nunca ouvida antes. Como não existiam bons livros para nos ajudar a identificar as aves, os sons das aves raras ou irreconhecíveis eram gravados em um gravador imenso Nagra®, que pesava mais de 2 quilogramas. Essas gravações seriam depois comparadas com um arquivo de sons na Unicamp. Em aproximadamente dois anos de estudos registramos mais de 300 espécies somente na floresta do Saibadela (Aleixo; Galetti, 1997). Quando achávamos que havíamos registrado todas as espécies, um beija-flor novo ou uma rara ave pequena aparecia pulando ou piava na copa escura de uma árvore e aumentava nossa lista. A lista incluía dezenas de espécies de aves ameaçadas de extinção como a jacutinga, o macuco, o jaó, o sabiá-cica, que tem esse nome, mas não é um sabiá, e sim um papagaio que canta como um sabiá. Estávamos em um lugar realmente único no mundo. Poucas áreas são tão intocadas e preservam tamanha diversidade de aves.

O Saibadela é o Serengueti das aves. Por onde se olha, uma ave, colorida ou cinza, pia, se mexe, assovia. Deveria haver filas de pessoas para ver e sentir o que estávamos descobrindo. As aves da Mata Atlântica são um dos maiores patrimônios do Brasil e atraem turistas observadores de aves, *bird watchers*, do mundo todo. Samba, futebol e aves! Esse, sim, deveria ser o lema do Brasil. Como diria o poeta Gonçalves Alves, "As aves que aqui gorjeiam, não gorjeiam como lá". Das 10 mil espécies de aves do planeta, 891 espécies gorjeiam na Mata Atlântica e 213 são exclusivas dessa floresta. Para meus amigos herpetólogos, que estudam répteis e anfíbios, a Mata Atlântica também é o Serengueti dos sapos: mais de 600 espécies de sapos, rãs e pererecas coaxam na Mata Atlântica. Para meus amigos botânicos, a Mata Atlântica é um Jardim do Éden, onde mais de 7 mil espécies de árvores e arbustos com formas, cores e tamanhos diferentes se espalham. Na verdade, a Mata Atlântica é um dos lugares que concentra a maior diversidade de animais e plantas do mundo.

Há algum tempo os cientistas tentam entender por que ela é tão diversa e por que tem tantas espécies únicas. Uma das razões dessa enorme diversidade é que a floresta passou por expansões e contrações nos últimos milhões de anos. Toda vez que as temperaturas do planeta abaixavam demais, o clima ficava mais seco e a floresta se contraía, criando pequenos pedaços de florestas. Esses fragmentos naturais se tornaram ilhas no meio da savana e interromperam o fluxo gênico de muitos animais e plantas. O isolamento aliado ao tempo é a receita para se gerar novas espécies. Com o aumento das temperaturas, essas florestas se reconectaram e as espécies "irmãs" se juntaram novamente, mas já com barreiras reprodutivas que impediam o retrocruzamento.

Mas, se por um lado a Mata Atlântica é um paraíso para a vida na Terra, por outro lado, os humanos acham

UM NATURALISTA NO ANTROPOCENO **81**

a mesma coisa e resolveram se mudar para esse paraíso. Hoje mais de 100 milhões de pessoas vivem no mesmo lugar das jacutingas, sanhaços, muriquis, micos-leões--dourados e 90% da sua floresta foi transformada em carvão, pasto, plantações de cana-de-açúcar e cidades (Ribeiro et al., 2009). Toda a biodiversidade da Mata Atlântica está encolhida em apenas 10% da sua área original. Por falta de espaço para sobreviver, muitas espécies de aves, sapos e mamíferos estão à beira da extinção. Essas duas combinações, alta diversidade de espécies únicas e alto impacto humano, levou a Mata Atlântica a ser considerada um dos lugares mais importantes para se conservar da Terra (Myers et al., 2000).

No meio da tarde, as aves iam parando de cantar, estava quente demais e a maioria delas iria cantar somente no outro dia. Eu e Aleixo regressávamos ao alojamento, suados e cansados, mas com uma bela lista de aves nas nossas cadernetas de campo. Eu voltava com os bolsos repletos de frutos e sementes comidos pelas aves. Sentava--me numa mesa de madeira fungada pelo tempo e iluminada por uma luminária com um pequeno botijão a gás. Tentava identificar as espécies de frutos que tinha observado naquela manhã. É um trabalho meticuloso tentar desvendar como a natureza funciona, encaixando peças. É como montar um quebra-cabeças sem saber como é a figura original. Não existiam guias ilustrados de plantas, celulares com aplicativos milagrosos nem um botânico de plantão. Ao longo de dois anos coletei, medi e identifiquei mais de 150 espécies de frutos suculentos na floresta do Saibadela (Galetti; Pizo; Cerdeira Morellato, 2011). A sua flora é uma das mais dependentes de animais do mundo. Essa cornucópia de alimento para pássaros, macacos e antas também pode ser seu fim. Sem a jacutinga, o mono--carvoeiro, a anta, ou a enorme diversidade de aves, essas plantas poderão desaparecer com o tempo.

Naquela época, eu acreditava que não precisávamos nos preocupar com a inóspita e preservada floresta do Saibadela. Meu olhar ingênuo do impacto humano sobre a biodiversidade ainda era incipiente. À minha frente, passando despercebidas, mudanças sutis na evolução das aves e das plantas estavam acontecendo. Amadurecer como cientista leva tempo e eu ainda estava apenas querendo ter uma boa tese para defender meu doutorado. Eu coletava informações, mas não as digeria o suficiente para notar como a floresta e os animais podem estar mudando por causa das ações humanas. Roma não foi feita em um dia.

7
A JACUTINGA E AS MUDANÇAS CLIMÁTICAS

No passado a jacutinga vivia em bandos enormes e realizava grandes migrações, subindo as serras da Mata Atlântica no verão e descendo no inverno. Essa ave, que parece uma enorme galinha que saiu do salão de beleza, é uma das mais belas de toda a Mata Atlântica. Sua cabeleira branca destoa com as pálpebras azuis e um papo vermelho. Por ser tão abundante e saborosa como uma galinha, ela também começou a ser alvo fácil de caçadores. E assim foi o destino da jacutinga. Milhares delas foram caçadas sem piedade. Em Blumenau elas eram tão comuns que um dos naturalistas mais importantes do Brasil, o médico alemão Fritz Müller, escreveu para Charles Darwin (Darwin Correspondence Project, 2022): "O inverno de 1866 foi incomumente frio e as jacutingas vieram da serra em tão grande número que, em poucas semanas, foram abatidas no Itajaí aproximadamente 50.000".

Fritz Müller não era de contar vantagens para Darwin e é bem provável que a jacutinga tenha sido uma das aves mais comuns de toda a Mata Atlântica. Se cada jacutinga morta em Itajaí pesava 1,5 quilograma, 75 toneladas de aves foram mortas em uma única manhã.

Um ditado catarinense diz "Ninguém resiste a jacutinga com arroz". Hoje tanto a jacutinga como esse ditado estão ameaçados de extinção. Em Blumenau, não existe mais jacutingas.

É possível que existissem mais de 1 milhão de jacutingas no começo do século e hoje menos de 4 mil em toda a Mata Atlântica (Bernardo et al., 2011). Essa redução populacional tão rápida é comparável com a do pombo-passageiro dos Estados Unidos, que tinha uma população de 3 bilhões de aves e em pouco mais de cem anos foi considerado extinto. Hoje a jacutinga ocorre espalhada em pouco mais de quarenta populações, a maioria em São Paulo e no Paraná. Elas deviam ser tão comuns em Minas Gerais que uma cidade foi batizada de Jacutinga. Hoje não existem mais jacutingas em Jacutinga.

Mas e daí que a jacutinga está sendo extinta? Sabe aquele seu tio chato que te pergunta: "mas para que serve o mosquito?" Acho que todo biólogo já deve ter sido questionado com esse tipo de pergunta. Por que gastar para conservar a jacutinga se existem tantos problemas no nosso país? Por que um cidadão comum deveria se preocupar com a extinção de espécies que ele nunca viu? Ele provavelmente nunca verá a jacutinga. Certamente na época de Fritz Müller as pessoas achavam que tinha tanta jacutinga que, mesmo caçando muitas, ela nunca iria acabar. Assim, vamos matando e aniquilando uma, duas, dezenas, centenas de espécies, sem descobrir para que essa ou aquela espécie "serve".

Para minha sorte, as jacutingas não eram tão raras no Saibadela. Com o tempo fui descobrindo que a jacutinga é uma megacomedora e dispersora de sementes, uma máquina de comer frutos e plantar árvores. Eu e meu colega, Alexandre Aleixo, registramos mais de quarenta espécies de árvores que são plantadas pelas jacutingas, entre elas, várias plantas medicinais como a espinheira-santa (*Maytenus ilicifolia*), popularmente utilizada no tratamento de gastrite, úlcera e azia. Tenho certeza de que você já ouviu falar do chá da espinheira-santa. Dê graças à jacutinga por termos muitas espinheiras-santas na mata. Se extinguirmos as aves dispersoras de sementes como a jacutinga, perderemos não apenas uma ave, mas também a espinheira-santa.

Mas a jacutinga e outras aves que comem e dispersam sementes de árvores podem também nos ajudar a resolver o aquecimento do planeta. Hoje sabemos que quanto mais dióxido de carbono na atmosfera, mais quente fica o planeta. O dióxido de carbono é produzido naturalmente quando os organismos respiram, ou seja, quando eu, você e as plantas respiramos, estamos liberando CO_2. O problema é que carros, fábricas e a queima de florestas aumentam muito a emissão de CO_2 na atmosfera. Portanto, para reduzir a quantidade desses gases, podemos reduzir suas emissões ou retirá-los da atmosfera e armazenarmos em algum lugar. Plantar árvores tem sido uma das estratégias que os cientistas têm sugerido para armazenar esse carbono da atmosfera. As plantas usam o CO_2 para respirar, fazer fotossíntese e crescer. As árvores seriam nossos bancos de armazenamento de CO_2. Simples assim.

Mas o que a jacutinga tem a ver com o efeito estufa? Pois bem, essa ave é uma verdadeira máquina de comer e dispersar sementes de árvores, incluindo aquelas de madeira bem dura que capturam muito carbono (Bello et al., 2015). A cajati (*Cryptocarya mandioccana*) é uma árvore que pode atingir 35 metros de altura e possui frutos redondos e amarelados que são adorados por macacos e jacutingas. Então, a jacutinga e os macacos, ao comer e plantar canelas, ajudam a reduzir o CO_2 na atmosfera do planeta. Mas quanto custaria esse serviço se a jacutinga cobrasse isso dos seres humanos? Como o carbono é uma *commodity*, ou seja, uma mercadoria que você pode comprar e vender na Bolsa de Valores, estimar quanto vale uma jacutinga é relativamente simples. Primeiro a gente tem que estimar quantas sementes uma jacutinga come, quantas dessas sementes viram plântulas e qual a chance dessas pequenas plântulas virarem uma árvore adulta. Depois medimos a quantidade de canelas na floresta e calculamos quantas toneladas de carbono cada árvore adulta estoca.

Para minha surpresa, uma população de apenas algumas dezenas de jacutingas vale 12,50 dólares por hectare (um hectare é um pouco maior que um campo de futebol) por seus serviços de "plantadora de carbono" advindos da canela (Bello et. al, 2021). Pode parecer pouco, não é mesmo? Mas somente em um único parque na Mata Atlântica, o "serviço" da jacutinga de plantar canelas que nos ajudam a combater as mudanças no clima vale mais de 1 milhão de dólares. Isso plantando apenas canelas, sem contar a espinheira-santa do seu chá ou o plantio de outras árvores que ajudam a estabilizar o solo íngreme das serras. Ainda bem que a jacutinga não está cobrando nada por esse serviço. Nem ela, nem o mono-carvoeiro, nem o tangará, nem o saíra-sete-cores. A natureza não cobra nada. Não cobra pelo carbono que absorve e que deixa o planeta menos quente, não cobra pela água limpa que tomamos, nem pelos remédios produzidos para curar nossas doenças. Por isso, quando seu tio chato te perguntar para que serve o mosquito, a rã, a cobra, conte para ele para que serve a jacutinga. Talvez depois de ele te ouvir falando sobre a importância da jacutinga, ele diga aos amigos que tem orgulho em ter um sobrinho biólogo.

Figura 7.1 – Uma jacutinga se fartando de frutos de palmito-juçara

Foto: Mathias M. Pires

8
A DEFESA

A redação de uma tese de doutorado é uma atividade solitária. Algumas pessoas podem te ajudar em uma análise ou reler seus textos, mas escrever uma tese é um longo processo de digestão de mastodonte. Subitamente você tem um papel (ou tela) em branco à sua frente e tem que preenchê-lo com duzentas páginas ou mais. Eu havia passado dois anos coletando dados no meio da Mata Atlântica e agora era a hora de analisar e escrever meus resultados.

Se você tiver sorte, seu orientador pode te ajudar nas análises e na organização das suas ideias. Eu não tive essa sorte e meu orientador mal sabia o que eu havia feito. Chivers era um sujeito engraçado, gostava dos orientandos e nos oferecia jantares, mas tinha pouca presença acadêmica na discussão das teses. Para minha sorte, eu estava em um grupo de estudantes de excelência, onde um ajudava o outro no que podia, mas precisava de uma luz para iluminar meu caminho. Foi aí que lembrei que havia conhecido, uns anos antes, no México, o doutor Pedro Jordano, um pesquisador espanhol que trabalhava com dispersão de sementes. Numa época pré-internet, escrevi uma carta para ele pedindo alguns conselhos e perguntei

90 MAURO GALETTI

se poderia visitá-lo em seu laboratório em Sevilha. Pedro, rapidamente muito solícito, disse que seria um prazer me receber. Peguei um voo Londres-Sevilha e fui visitá-lo.

Ao chegar a Sevilha, Pedro me recebeu em sua sala no Pavilhão do Peru, um prédio com símbolos e arquitetura inca com harpias gigantes na entrada. Nesse pavilhão funcionava a embaixada do Peru e ao mesmo tempo o Consejo Superior de Investigaciones Científicas (CSIC), o melhor centro de Biologia da Conservação da Espanha. Conversamos bastante sobre o que eu estava fazendo e ele me convidou para passar uns dias no campo amostrando aves e frutos. No outro dia, num Jeep branco, pegamos a estrada rumo às Sierras de Cazorla, a quatro horas de Sevilha. Antes de chegarmos ao parque, Pedro parou em um pequeno supermercado e abasteceu-se de vinhos, azeitonas, salames e queijos.

O Parque Natural de las Sierras de Cazorla, Segura y las Villas, em Jaén, é uma área de 200 mil hectares de floresta circundada por plantações de azeitonas. Pedro possuía um estudo de mais de dez anos, tentando entender a importância dos animais que dispersam as sementes para as plantas. Como um detetive, ele coletava amostras de fezes de aves e mamíferos, identificava as sementes encontradas nas fezes e através de análise de DNA de fezes e sementes encontradas, identificava tanto qual a espécie de ave ou mamífero que havia dispersado as sementes como quem era a provável mãe dessas sementes. Com isso Pedro conseguia decifrar quais as espécies de animais que levavam as sementes para mais longe da planta-mãe e onde as depositavam. Algumas espécies de aves comem muitos frutos, mas defecam todas as sementes em rochas, sem chance para as plântulas crescerem. Outras, por sua vez, comem menos frutos, mas depositam suas sementes embaixo de arbustos que protegem as plântulas do escaldante verão espanhol.

Pedro e eu passamos horas procurando e coletando sementes em diversos locais e no final do dia nos sentamos em um vale onde se via ao longe as plantações de oliveiras. Naquele momento desfrutei uma das melhores conversas científicas da minha vida. Discutimos sobre o papel das palmeiras em manter as populações de animais na floresta, se as palmeiras podiam ser espécies-chaves, sobre a conservação da Mata Atlântica e como as florestas da Espanha se assemelham às do Brasil. Tudo isso regado a um fantástico vinho com embutidos deliciosos. Conversando com Pedro, minhas ideias amadureceram e ficaram bem mais organizadas. Foram dois dias que me valeram por quatro anos e eu sou eternamente grato a Pedro por ter aberto minha mente e me recebido em Sevilha.

***

Era uma sexta-feira 13 de dezembro chuvosa, fria e escura e o ano era 1996. Foi nesse dia que, diante de dois professores vestidos com uma beca e com cara nada amistosa, eu defendi meu doutorado na Universidade de Cambridge. Os meus avaliadores foram Colin Bibby, o ornitólogo sênior da Birdlife International e um especialista em censo de aves, e Phyllis Lee, uma primatóloga do Departamento de Primatologia. Assim como num jogo de *good cop* e *bad cop*, onde Bibby era durão e Lee amável, eu teria que defender minhas ideias ou voltar para o Brasil sem nada nas mãos.

Foram cinco horas de arguição, respondendo perguntas de todos os tipos, "por que fez isso e não aquilo", "eu não gostei disso ou daquilo". O primeiro comentário de Bibby foi: "Eu gastei quatro horas lendo sua tese", num ar de nobre inglês. Eu rapidamente arrematei: "Obrigado pela leitura, eu gastei quatro anos a escrevendo, senhor."

"Eu não acredito nesses resultados", "Eu esperava um experimento para testar isso", "Por que você não fez isso?", "Por que você usou esse teste estatístico?". Como numa luta de boxe, com *jabs*, socos e golpes, fui me livrando de perguntas mais difíceis e conseguindo ficar de pé, *round* a *round*. Não existe público na defesa, nem mesmo seu orientador pode interferir ou participar. Eu defendi minha tese num prédio do New Museum Site em *Pembroke Street*. O *new* é porque ele foi construído em 1870, o que, para uma Universidade que foi fundada em 1200, pode ser considerado novo. Escadarias escuras, lembrando Harry Potter, e portas de madeira pesadas, o New Museum Site fica no coração da Universidade de Cambridge e é onde ocorrem muitas defesas de tese.

Ao final de cinco horas, a defesa não possui um referendo final. Lee foi muito amável e me dirigiu pelas escadas fantasmagóricas do prédio até o portão. Antes de fechar o enorme portão de madeira, Lee me disse que eu iria receber uma carta informando o resultado. Você não pode perguntar se foi aprovado ou não. Não existe um churrasco te esperando no final ou uma chopada. Para minha sorte, Lee era uma professora muito amável, sorriu e me disse: "Acho que você pode ir beber e celebrar com seus amigos". E fechou a enorme porta atrás de mim. Eu traduzi isso como: "Você foi aprovado."

Eu caminhei lentamente até meu departamento. Eram 6 horas da tarde e o escuro e o frio intenso me esperavam. Eu ia ligar para casa e informar a meus pais que tudo tinha acabado. Ao chegar, todos os meus colegas me espera-vam em absoluto silêncio, Bangladesh, Brasil, Irlanda e México. Todos curiosos e apreensivos, afinal, muitos são reprovados na banca de doutorado. Eu sorri e falei que estava confiante de que tinha sido aprovado. Liguei para minha casa no Brasil e meu sobrinho de 6 anos atendeu a ligação: "Olha, João Henrique, seu tio lutou com o Mike

Tyson, mas eu ganhei". Naquela época o lutador de boxe Mike Tyson era invencível, terminava as lutas em poucos minutos e era uma lenda do boxe.

Celebramos minha "provável" aprovação no pub "The Eagle", o famoso pub em que James Watson e Francis Crick celebraram o seu Prêmio Nobel pela descoberta da estrutura do DNA em 1962. Eu paguei a rodada de cerveja para todos meus colegas, Alfredo Cuarón, Adriano Chiarello e sua esposa Silvia, Miguel Moralez e Ruth Laidlaw. Havia terminado minha busca pelo título de doutorado. Hoje eu me arrepio e comemoro anualmente com minha esposa a data da defesa do meu doutorado. Não porque minha tese tenha sido "brilhante" como queria o meu amigo Carlos Peres, mas porque ela foi um produto intelectual inteiramente meu, sofrido, mastigado e regurgitado após quatro anos e três meses. Hoje fico emocionado em todas as defesas de meus orientandos, sejam teses brilhantes ou não, sei do esforço despendido em uma tese, das noites mal dormidas, da aflição dos familiares. É um parto, muitas coisas acontecem em quatro anos. Eu havia deixado o Brasil com 25 anos e chegava a hora de regressar, com 29. Muitos planos na cabeça. Onde posso arrumar um emprego? O que eu quero fazer? Após retornar ao Brasil recebi uma carta do comitê avaliador, me parabenizando pela minha aprovação no doutorado.

Após alguns meses no Brasil, voltei à Universidade de Cambridge para finalmente me graduar. O ritual para transformar graduandos em graduados em Cambridge é envolto em intrigantes tradições de 800 anos.

Depois de alugar meu traje, um terno *black tie* com gravata branca borboleta e uma capa (*gown*) negra com forro vermelho, fui almoçar com meu tutor no *college*. Após uma conversa bem entediante regada a vinho tinto com carne de ovelha, caminhamos em procissão pelos jardins floridos dos diferentes *colleges* até chegar ao Senado, um prédio branco com arquitetura neoclássica construído em 1730. Dentro, o prédio é todo pavimentado com azulejos de mármore preto e branco, como um tabuleiro de xadrez.

Ao entrar no Senado, um salão repleto de convidados esperava os graduandos sentados e em silêncio absoluto pela cerimônia. Na frente do salão havia um pequeno trono de madeira de veludo vermelho, uma mesa e uma tribuna de madeira por onde caminhamos lentamente. O tutor estendia sua mão e nós, graduandos do *college*, colocávamos nossa mão direita em cima da sua mão e éramos apresentados ao reitor. O tutor apresentava-nos rapidamente e pedia que fosse conferido o título a aqueles membros da universidade. Em seguida, cada um se ajoe-lhava na frente da autoridade máxima da universidade, o que seria o nosso reitor nas universidades brasileiras. E ele, com vestes medievais, punha sua mão sobre as do formando em graça e dizia *"Suplicante reverentiis vestris viri mulieresque quorum nomina juxta senaculum in porticu proposuit hodie Registrarius nec delevit Procancellarius ut gradum quisque quem rite petivit assequantur"*, que significa que ele, como reitor, anunciava aos homens e mulheres presentes que estava aprovando o título do aluno ali ajoelhado.

Essa graça finaliza o ritual de passagem de um aluno da graduação ou pós-graduação e acontece há mais de 800 anos na Universidade de Cambridge . Ali era o fim da minha jornada como aluno de doutorado. Era o fim de uma longa jornada na Inglaterra. Agora era mudar para a próxima aventura, as longínquas florestas da Indonésia.

9
BORNÉU: ENTRE DAIAQUES, CALAUS E JAVALIS-BARBADOS

Jacarta, Indonésia, 1997

"Hello mister, hello mister, hello mister". Essa frase é ouvida centenas de vezes se você é um turista na Indonésia. Eu havia acabado de desembarcar em Jacarta, capital da Indonésia, era abril de 1997. Após receber um convite do meu orientador de doutorado, eu decidi que seria uma boa experiência passar uns seis meses fazendo meu pós--doutorado na Ilha de Bornéu, na Indonésia. Meu orientador tinha um projeto de vários anos estudando gibões no meio dessas florestas e ele havia me proposto estudar aves, não macacos. Meu projeto era descobrir do que os enigmáticos calaus se alimentavam e se havia plantas dependentes de calaus. Os calaus são aves enormes e semelhantes, porém não aparentadas, aos tucanos. Quando duas espécies se assemelham fisicamente, mas não são aparentadas, os biólogos chamam isso de convergência evolutiva. Os calaus e tucanos são o exemplo clássico de convergência evolutiva. A maior diferença entre eles é que os calaus são bem maiores que os tucanos, chegando a pesar até 6 quilogramas, enquanto um tucano não passa

de 300 gramas. Os calaus parecem ter dois bicos, um em cima do outro, mas a parte superior do bico funciona como um amplificador do som que eles produzem. Tucanos, por sua vez, são bem mais coloridos, com plumagem e bicos amarelos, vermelhos, verdes, enquanto os calaus são na maioria pretos e brancos.

Eu havia acabado de defender o doutorado, tinha uma boa experiência estudando aves e para mim seria uma oportunidade única estudar os calaus. Das 55 espécies de calaus existentes no mundo, 8 delas vivem em Bornéu, entre elas um dos maiores e mais enigmáticos, o calau-de--capacete (*Buceros vigil*). Será que a semelhança morfológica entre tucanos e calaus também é ecológica? Será que os calaus são bons dispersores de sementes? Quais plantas dependem dos calaus para disseminar suas sementes? Na época, quase nada se sabia sobre calaus. Diferentemente das florestas da América do Sul, poucos pesquisadores se aventuravam pela Indonésia e essa era uma oportunidade de ouro para aprender sobre outra floresta tropical.

A Indonésia é o maior país muçulmano, com a quarta maior população mundial, 270 milhões de pessoas (ficando atrás apenas da China, Índia e Estados Unidos), composta por 17 mil ilhas espalhadas num clima quente e tropical. Nessas ilhas vivem 1.300 grupos étnicos que falam 700 línguas distintas. Essa diversidade de culturas se reflete também na sua diversidade biológica. A Indonésia tem 515 espécies de mamíferos e 1.351 de aves (o Brasil tem 770 de mamíferos e 1.971 de aves). Somente nessas ilhas você pode encontrar florestas com orangotangos, gibões, rinocerontes, antas, elefantes e tigres num mesmo lugar. O maior réptil do mundo, o dragão-de-komodo, vive em uma das ilhas da Indonésia. A lista de animais exóticos não para por aí: aves-do-paraíso, primatas noturnos com olhos esbugalhados, os *Tarsius*, cangurus arborícolas e porcos com dentes curvados (*Babirussa*) são apenas

UM NATURALISTA NO ANTROPOCENO **97**

alguns exemplos de animais estranhos que a Indonésia possui em seu catálogo. Pelo menos três espécies de *Homo* perambularam pelas ilhas da Indonésia: *H. erectus, H. sapiens* e o mais esquisito, o *H. floriensis*, um hominídeo anão que caçava elefantes-anões e ratos gigantes na ilha Flores. A Indonésia também é um lugar de superlativos na flora. A maior flor do mundo, a *Rafflesia*, se encontra na Indonésia. O maior fruto do mundo, a jaca, é oriunda e foi domesticada na Indonésia (além de outras partes da Ásia independentemente). Foi nessas ilhas que surgiu uma das ideias mais revolucionárias do mundo: a evolução das espécies. Mas, diferentemente do que todos pensam, não foi Charles Darwin que andou por lá, mas outro naturalista inglês, Alfred Russel Wallace.

Wallace já era um conhecido naturalista e coletor de animais e plantas que havia vivido na Amazônia por quatro anos. Então, com 31 anos, decidiu se aventurar de novo nos trópicos e escolheu as selvas do Arquipélago Malaio para coletar animais exóticos e enviá-los para a Europa. Mudou-se para Singapura em 1854 e permaneceu por oito anos viajando e coletando animais e plantas pelas ilhas das atuais Malásia, Indonésia e Filipinas. Wallace notou uma clara diferença entre a fauna das ilhas que visitava. Ilhas próximas à Austrália possuíam marsupiais, cacatuas e aves-do-paraíso, enquanto ilhas próximas à península da Malásia possuíam elefantes, rinocerontes, macacos e calaus. Ele atribuiu essa diferença à história geológica das duas regiões, sugerindo que as ilhas de Sumatra, Java e Bornéu deveriam ter sido conectadas ao continente há pouco tempo, enquanto as ilhas próximas da Austrália (Papua Nova Guiné) deveriam ter estado conectadas à Austrália no passado. Wallace estava certo. Hoje sabemos que as ilhas de Java, Bornéu e Sumatra estavam conectadas à Malásia há até 100 mil anos. Por isso, a fauna dessas ilhas e da Malásia são parecidas, enquanto as ilhas da

Papua são mais parecidas com a fauna da Austrália. No fim da Era do Gelo, as geleiras derreteram e o nível do mar subiu, deixando a fauna desses locais isolada nas ilhas. A linha divisória entre esses dois mundos é hoje chamada de Linha de Wallace.

Mas muito antes de Wallace, as ilhas do Sudeste Asiático sempre atraíram os olhares ambiciosos dos europeus atrás das famosas especiarias. Portugueses, franceses e ingleses invadiram e governaram parte das ilhas por alguns anos, mas foram os holandeses que governaram a Indonésia por 350 anos. Somente em 1945 a Indonésia virou um país independente. Isso mesmo, a Indonésia é um país extremante jovem. Entre as maiores ilhas, está Bornéu, que é considerada a terceira maior ilha do mundo, com uma área similar à dos estados de Minas Gerais, Rio de Janeiro e Espírito Santo juntos. A ilha pertence a três países diferentes: Indonésia (estado de Kalimantan), Malásia (estado de Sarawak) e o pequeno, mas rico, Sultanado de Brunei. Bornéu é conhecido por abrigar o maior primata arborícola do mundo, o orangotango (que também só existe na ilha de Sumatra) e pelos temidos indígenas (daiaques) que são famosos por encolherem cabeças humanas. Para minha sorte, esse ritual não existe mais e eu tinha esperança de ver os orangotangos e os calaus ao vivo.

Depois de vinte horas em um avião, cheguei a Jacarta, a segunda cidade mais populosa do mundo. Se você acha que São Paulo tem gente, que Nova Iorque tem gente, vá para Jacarta. É um mar de pessoas, carros, motos e bicicletas que se amontoam nas avenidas. Num dia normal, atravessar uma rua a pé pode levar cinco minutos de tantos carros, motos e triciclos circulando de forma frenética. Diferentemente das grandes cidades do mundo, os poucos turistas europeus e norte-americanos que aparecem em Jacarta estão a caminho da famosa ilha de Bali.

Antes de me apresentar ao diretor do Projeto Barito Ulu, um projeto da Universidade de Cambridge no meio da selva de Bornéu, eu me instalei num pequeno hotel barato no centro da cidade. O hotel não tinha ar--condicionado, apenas um ventilador e me senti como no quarto do filme *Apocalypse now*. O calor era sufocante e a umidade lembrava Manaus. Ao entrar no banheiro percebi o que era choque cultural: ele não contava com vaso sanitário nem chuveiro, somente um barril cheio de água e um buraco no chão. O vaso sanitário, tal qual conhecemos e adoramos, não existe na Indonésia (pelo menos não em hotéis baratos). Você necessita ficar de cócoras para fazer suas necessidades e depois se limpar com a mão esquerda e lavá-la bem. Ali não existe papel higiênico. Por isso, cumprimentar alguém com a mão esquerda é deselegante e inapropriado. Para minha sorte, antes de partir para a Indonésia, tinha ficado algumas semanas em Cambridge arrumando meus equipamentos, vistos, vacinas (dezenas) e tinha conversado com minha colega Ruth Laidlaw, que havia feito seu doutorado nas florestas da Malásia. Quando eu perguntei como ela havia se virado com papel higiênico durante dois anos lá, ela me respondeu sarcasticamente: "Bom, você anda com ele na bolsa. Uma vez eu esqueci e te garanto que nunca mais você esquecerá novamente... Eu incluí na minha bagagem muito, mas muito papel higiênico..."

Às 4h30 da manhã despertei com um som altíssimo de uma voz lamentando algo em árabe. Era a mesquita próxima ao hotel iniciando as orações. Os muçulmanos rezam seis vezes ao dia (às 4h35, 5h53, 11h52, 15h12, 17h51 e 19h01) e todas as mesquitas possuem alto-falantes chamando os fiéis para rezar, gostem ou não. Toda a cidade reza por alguns minutos e talvez, como eu, volte a dormir. É impossível passar despercebido por isso, pois as mesquitas estão espalhadas por toda a cidade, com seus alto-falantes enormes. Apesar de a Indonésia ser o maior país muçulmano do mundo, pode-se comprar cerveja na maioria dos bares e nem todas as mulheres se cobrem com o véu islâmico, o *hijab*.

Um homem moreno e franzino me aguardava na porta do hotel e me cumprimentou: *"Hello mister, my name is Firman."*

Sim, apenas Firman. Como todo javanês, Firman não possuía sobrenome. Ele era o motorista que me levaria para me reunir com o diretor do projeto Barito Ulu. Tentei conversar um pouco com Firman e, apesar de ter estudado o indonésio (bahasa Indonésia), a língua oficial do país, e que teoricamente todos falam, por quase seis meses, eu não pude ir muito além no papo. Ele me falou que sua língua natal era o javanês (afinal, eu estava em Java). Foi ali que lembrei do conto obrigatório na leitura do colegial, de Lima Barreto, "O Homem que sabia javanês". Esse conto, publicado em 1911, se passa no Rio de Janeiro e relata a história de Castelo, um malandro desempregado que faz bicos para manter a vida e que lê num anúncio de jornal sobre um barão procurando algum professor de javanês. Castelo, espertamente, se oferece como professor de javanês sem saber uma única palavra da língua. O barão, impressionando com sua sabedoria de falar javanês, acaba apresentando-o à corte e a pessoas importantes da sociedade carioca. Sua reputação como sábio o leva até a virar adido cultural do Brasil, sem saber uma única palavra de javanês. Eu também não sabia javanês, nem uma única palavra.

Firman me falou, com seu parco inglês, que na Indonésia quase ninguém fala indonésio em casa, mas sim uma das setecentas línguas nativas. O indonésio é uma língua oriunda do Malaio e foi oficializada como língua com a independência do país. É usada pelos órgãos do governo e se aprende na escola, mas ninguém a usa como forma de conversar com amigos ou em casa. O mais notável é que, apesar de a Holanda ter ocupado a Indonésia por 350 anos, ninguém fala holandês, porque os próprios holandeses proibiam os locais de falá-lo e a língua ficou restrita à elite.

Nas ruas de Jacarta todo mundo sorri e te oferece cigarro, especialmente cigarros de cravo da marca Gudang Garan, que foram populares no Brasil na década de 1990. O número de fumantes na Indonésia é enorme, 57 milhões de pessoas fumam, na sua maioria homens e até mesmo crianças. Diferentemente da maioria dos países do mundo, propagandas de cigarro são permitidas e estão em todos os lugares. O indonésio é muito curioso com estrangeiros e, com exceção de Bali, poucos turistas se aventuram na Indonésia. Duas coisas vão te perguntar: se você quer um cigarro e se você é casado.

Ao chegar à sede do projeto, uma mansão em um bairro nobre em Jacarta, um inglês magro, alto, vestindo gola alta e com um olhar arrogante, chamado David Rupert, me esperava. Ele morava na casa imensa com piscina e cinco empregados além do motorista. A casa tinha jardins bem--cuidados e quartos espaçosos. Ele me recebeu com frieza inglesa, porém foi bastante prestativo ao me ensinar como chegar à base de campo do Projeto Baritu Ulu. Uma vez por semana ele contactava a base de campo via rádio para saber se estava tudo bem. Ofereceu-me um jantar e me desejou boa sorte.

Minha viagem de Jacarta até a base do projeto seria longa, começando com avião, depois carro e finalmente barco, até chegar ao coração das florestas de Bornéu. Saí de Jacarta num pequeno avião comercial onde amontoavam--se dez pessoas, uma moto, galinhas e muita bagagem. Os bancos assemelhavam-se aos de ônibus escolares e não eram individuais. Não havia cintos de segurança. Antes do avião decolar, eu olhei pela janela e vi gasolina escorrendo por uma das asas, pingando muito. Eu, então, tentei avisar a aeromoça. O piloto desceu novamente e chamou alguns mecânicos para consertar o problema. Quando a goteira parou, nós partimos. A viagem de duas horas sobrevoando imensas florestas é maravilhosa, porém, um olhar aguçado detecta que ela é toda recortada por estradas em linhas retas, como um tabuleiro de xadrez, e dividida entre as concessionárias de madeireiros. A Indonésia é um dos países tropicais que mais exploram suas florestas e somente em 2021 perdeu 201 mil hectares de floresta.[1] Além do corte das florestas para a produção de madeira, o desmatamento para a plantação do dendê para produção de óleo vegetal (*palm oil*) tem levado a Indonésia aos piores índices de conservação da sua biodiversidade.

Cheguei a Palangka Raya, a capital do centro de Kalimantan, uma cidade projetada como Brasília, com diversos palácios oficiais, monumentos exagerados e avenidas longas e vazias. Tudo é longe e nada é possível fazer a pé. Milhares de mototáxis te levam para os lugares. No dia seguinte, de Palangka Raya, mais sete horas esmagado em uma van me levaram até Muara Teweh, uma vila daiaque na beira do Rio Barito. Os daiaques constituem o grupo étnico de Bornéu. A vila é movimentada, com ruas de barro, pois ali sempre chove. Depois de ficar em um hotel na beira do rio, no dia seguinte embarquei num barco longo que os locais chamam de *klotok*. Ele me levaria dois dias subindo o Rio Barito até Teluk Jolo. Os *klotoks* são ideais para usar em rios pedregosos e rasos como o Barito. Os barcos possuem um "motor de Fusca", bem barulhento e soltando fumaça, e pode levar dez pessoas ou mais. Vilas daiaques com casas suspensas por palafitas, com varandas longas e feitas de madeira e teto de palha se aglomeram na beira do rio. Essas casas são chamadas de *long-house* e podem abrigar diversas famílias. A viagem

---

1 Cf. https://www.globalforestwatch.org/. Acesso em: 7 out. 2023.

de barco é cansativa e tediosa, pois o barco viaja vagarosamente entremeando o rio barrento. "Klotok, klotok, klotok, klotok, klotok" é o barulho do motor. Agora entendia por que o barco se chamava *klotok*.

Ao longo da viagem paramos em pequenas vilas para deixar ou recolher pessoas. Em cada parada, vários pequenos barcos a remo se aproximavam, com mulheres com vestidos e turbantes coloridos e uma pasta branca de arroz na cara vendendo café, frutas frescas e bolinhos doces fritos. Ao longo desse percurso, eu me alojava em hotéis flutuantes com quartos pequenos e banheiros rudimentares. Como não existe vaso sanitário, o banheiro consiste em um pequeno quarto escuro de madeira com um buraco no meio dele, através do qual se vê o rio. Confesso que isso, sim, é choque cultural, defecar ou urinar diretamente no rio. Todos os hotéis ficam na beira do rio e, para atravessar do hotel flutuante para a cidade em terra firme, é necessário ser equilibrista e andar em cima de pinguelas de madeiras, onde um escorregão poderia nos levar a cair no rio cheio de fezes boiando. Nessas situações, não pensar é a melhor maneira de evitar o medo de cair da pinguela.

Cheguei amassado e exausto a Muara Joloi após dois dias num *klotok*, mas a viagem ainda não tinha acabado. Faltava a sua parte mais perigosa. As corredeiras próximas de Muara Joloi são os últimos obstáculos para se chegar à estação de pesquisa. As voadeiras são lanchas usadas para atravessar corredeiras nervosas do trecho mais perigoso do Rio Barito. É um trajeto tão perigoso que às vezes as lanchas precisam ser carregadas e levadas por terra se o rio estiver muito bravo. Para minha sorte, havia chovido um dia antes e as corredeiras estavam menos nervosas e conseguimos finalmente atravessá-las.

Depois de quatro dias de viagem cheguei à base do acampamento de pesquisa. Ela havia sido construída à beira do Rio Muara Rekut, um rio de cor negra afluente

104 MAURO GALETTI

do Rio Barito. A base de pesquisa era composta por um escritório, um salão de jantar, banheiros todos de madeira. Um laboratório, um herbário e três casas para dormitórios a completavam. A eletricidade era provida por um gerador que era ligado durante apenas duas horas por noite, e uma vez por semana tínhamos comunicação por rádio com a base em Jacarta.

Nesse fim de mundo para muitos, mas um paraíso para qualquer biólogo, eu tinha o interesse de aprender o máximo sobre essas florestas tropicais. As florestas de Bornéu são completamente diferentes da Mata Atlântica. Primeiro pelas árvores retas e altíssimas, a maioria da família Dipterocarpaceae. Depois, pela ausência de bromélias e pela pobreza em epífitas e trepadeiras. Apesar de estar em uma floresta tropical, tudo era muito diferente do que eu conhecia, apenas o calor e a umidade eram os mesmos.

As dipterocarpáceas são as árvores que dominam as florestas tropicais da Ásia e pertencem a uma família de plantas com quase setecentas espécies. Suas árvores podem chegar a 80 metros de altura e sua madeira nobre é muito explorada, por isso muitas espécies estão hoje ameaçadas de extinção. As dipterocarpáceas possuem frutos secos e alados, pouco atraentes para os animais que gostam de frutos carnosos, mas muito atraentes para predadores de sementes. Essa família de plantas é conhecida por produzir enormes safras de frutos, espaçados por vários anos sem produzir nenhum fruto. A estratégia, conhecida como *masting* ou supersafra, evoluiu para saciar a enorme diversidade de predadores de sementes. Nos anos de supersafra, porcos-barbados, esquilos, ratos e muitos outros predadores de sementes se fartam, mas a produção de frutos e sementes é tão grande, que muitas delas conseguem germinar e virar novas plantas. Não apenas as árvores são diferentes, mas ali naquelas matas habitam animais únicos. Orangotangos, gibões, macacos *Colobus* vermelhos, macacos rhesus, veados sambar, elefantes, rinocerontes, antas, javalis-barbados e, é claro, os calaus fazem parte dessa floresta de gigantes.

Uma característica curiosa das florestas de Bornéu é que as árvores são muito espaçadas entre si e o sub-bosque é muito ralo, como se você estivesse em uma floresta plantada. Então, vários animais evoluíram e se adaptaram para plainar de uma árvore para outra. Isso mesmo, Bornéu concentra a maior diversidade de animais que se movimentam plainando. Pererecas, lagartixas, esquilos, cobras e até mesmo um lêmure (na verdade é um colugo da família Cynocephalidae, um parente próximo dos primatas) evoluíram estruturas no corpo para plainar entre as árvores. As pererecas possuem uma fina membrana entre os dedos e, quando saltam de uma árvore para outra, abrem as mãos e plainam. As cobras inflam seu corpo e com isso conseguem plainar. Essa maneira de se locomover é tão comum que, das 34 espécies de esquilos que existem em Bornéu, 14 plainam. É muito comum caminhar pela mata e ver lagartixas (do gênero *Draco*) plainando de uma árvore para outra.

Todos os dias acordava muito cedo e comia um miojo no café da manhã antes de começar a procurar os calaus. Miojo no café da manhã, miojo no almoço e miojo no jantar. A comida era escassa no alojamento e foi bom para perder alguns quilos extras que carregava. Na procura pelos calaus eu ia avistando um mundo novo para mim. Oito espécies de calaus vivem em Bornéu e meu projeto era desvendar um pouco como a floresta dependia dessas aves para dispersar as sementes. Os calaus são aves monogâmicas e vivem em casais ou pequenos grupos. Como são aves grandes, elas precisam de muita floresta para viver. Além disso, essas aves dependem de grandes árvores para fazer seus ninhos e durante a época reprodutiva as fêmeas ficam constantemente dentro de um oco na árvore chocando os ovos e protegendo os filhotes de macacos. Cabe ao macho trazer frutos para a esposa e seus filhotes. Para evitar de serem predados no ninho, o macho sela a entrada do seu oco com barro. Esse comportamento gerou uma lenda de que o macho aprisionaria a fêmea no ninho e que, se ele morresse, a fêmea ficaria presa e também morreria, mas isso nunca foi comprovado.

Mas nem tudo são flores nas florestas da Indonésia, ali é a terra dos sanguessugas. Isso mesmo, ao invés de carrapatos, sanguessugas são os principais parasitas por lá. Duas espécies são as mais comuns, as sanguessugas-tigres (*tiger leech*), que são como uma punhalada e, quando você as percebe, já tomaram um bom volume do seu sangue, e as sanguessugas-marrom, cuja presença você percebe por sua meia ou blusa escorrendo sangue sem ter sentido nada. Se você se sentar na floresta na Indonésia para descansar ou fazer um lanche, virá um batalhão de sanguessugas zumbis em sua direção.

Além de gibões, calaus, esquilos voadores, essas florestas possuem um habitante curioso, o javali-barbado (*Sus barbatus*). Esses suínos – que lembram um porco doméstico albino com uma barba branca, parecido com o Lorax do desenho animado – são famosos por fazerem migrações em grandes manadas, seguindo a frutificação das dipterocarpáceas. Por onde passam, tudo é devorado, inclusive as plantações. Os indígenas daiaques, sabendo dessas migrações, preparam suas lanças e cães para capturá-los quando as manadas tentam atravessar os rios. Como os crocodilos capturam gnus e zebras no Serengueti, os daiaques ficam com suas pequenas canoas e cães nas margens dos rios aguardando a vara de porcos atravessar e capturam dezenas de animais, que são rapidamente processados para serem consumidos ao longo do ano. Os cães, que se parecem com um fox paulistinha anão, acossam os porcos, e os daiaques os matam com suas lanças. Parece cruel, mas os daiaques precisam dessa importante fonte de proteína para sobreviver aos tempos em que a caça vai embora.

Eu queria entrevistar os daiaques e saber mais de como caçam e o que fazem com a caça. As casas daiaques ficam em cima de palafitas altas e é preciso subir com uma escada íngreme no centro da casa para acessar um único cômodo, onde todos dormem e cozinham. Embaixo das casas de madeira vivem animais domésticos, como galinhas e cães. Uma mulher com seus 50 anos, vestida com roupas coloridas e um turbante me recebeu sentada no chão com um enorme machado que desmembrava um porco-barbado. Uma grande cabeça era separada e nada era perdido ou desperdiçado. Do sangue às tripas, tudo seria usado pelos daiaques. No quintal, sua filha amassava o arroz num pilão rudimentar para separar a casca da semente. Os daiaques possuíam um enorme sorriso e gostavam de conversar. A mulher, sentada no chão e cortando o porco, respondia as minhas perguntas na língua daiaque para seu filho, que por sua vez as repetia em indonésio para meu tradutor, que finalmente me respondia em inglês. Como um telefone sem fio, perguntava de volta em inglês, meu tradutor falava em indonésio e sua mãe respondia na língua daiaque.

Os dias se passavam calmamente em Barito quando comecei a ver uma constante movimentação estranha no rio. Diversos barcos pequenos com pessoas uniformizadas de amarelo e bandeiras desciam o rio em direção à cidade. Eram grupos políticos contrários ao presidente da república, Suharto. Ele foi o ditador-presidente que governou a Indonésia por 31 anos e deixou uma dívida de 38 bilhões de dólares para os cofres públicos. Tudo indicava que uma revolução estava prestes a começar.

Como as coisas começaram a esquentar e os protestos políticos começaram a se alastrar pelo país, eu fui obrigado a terminar meus estudos antes do previsto. Não é prudente ser um estrangeiro em um país em guerra civil. Era hora de voltar para o Brasil. A minha curta estadia na Indonésia abriu um mundo novo na minha cabeça. As florestas tropicais são muito mais diferentes entre si do que eu imaginava. No meu caminho de volta, eu sobrevoei as florestas de Bornéu pela última vez rumo a Jacarta, imaginando esse mundo novo que conheci. Ao longo de quase uma hora de voo, comecei a notar pequenas plantações de palmeiras de dendê, as mesmas que possuímos na Bahia. Eu mal imaginava o que estava presenciando.

O dendê (*Elaeis guineensis*) é uma palmeira africana de cujos frutos se extrai o óleo de dendê. Os faraós já usavam esse óleo há mais de 5 mil anos, e a árvore foi levada para o Brasil e outros países durante o tráfico de escravizados. Logo se tornou o principal óleo de cozinha no Brasil e rapidamente a indústria de alimentos e cosméticos começou a usar o dendê como matéria-prima para quase tudo que consumimos.

Vinte anos depois de sair de Bornéu, eu leio que mais de 20% das suas florestas foram queimadas ou cortadas para a produção do dendê. A sorte dos calaus, das gigantes árvores dipterocarpáceas, dos orangotangos e até mesmo dos daiaques depende da nossa voracidade em consumir produtos que usam o óleo de dendê na sua formulação. Mesmo que você nunca tenha estado na Indonésia, também é responsável pela destruição das suas florestas. Isso pode parecer incrível, mas mais de 50% do que consumimos nos supermercados, seja pasta de dente, chocolates, produtos de beleza, creme de barbear, bebidas e biscoitos, utiliza o óleo de dendê na sua fórmula. Essa é uma "armadilha industrial" que nos torna culpados por consumir qualquer coisa. Um simples Danoninho que consumimos nos torna cúmplices da destruição de uma floresta na Indonésia. Talvez seja essa uma das maiores características do Antropoceno: nosso impacto ambiental deixa de ser apenas local e nos torna destruidores globais, sem perceber, sem se levantar da cadeira.

Mas, se temos cada vez mais a capacidade de afetar animais e florestas em lugares tão distantes, também estamos bem mais equipados para resolver esses problemas. Se fomos capazes de ir à Lua e combater vírus mortais, podemos usar toda essa tecnologia e capacidade para pavimentar um futuro mais sustentável e saudável. Se formos *Sapiens* o suficiente, podemos aliar Inteligência Artificial ao conhecimento tradicional para frear nosso consumo irracional, a destruição do planeta e o aquecimento global. As resoluções dos problemas ambientais passarão invariavelmente pelas escolhas corretas dos consumidores e pela redução massiva das emissões de CO_2. Com certeza, os orangotangos de Bornéu e o planeta agradecem.

Figura 9.1 – Um belo calau-rinocentonte (*Buceros rhinoceros*) na Ilha de Bornéu

Foto Mathias Pires

10
A EVOLUÇÃO NO ANTROPOCENO

Stanford, Estados Unidos da América, 2007

Toda criança já colocou sementes de feijão em um algodão molhado e os viu crescer. Esse é o primeiro experimento científico ensinado nas escolas. Se você fez isso, deve ter notado que alguns feijões produzem plantas mais altas que as outras. O que determina se uma planta será maior que a outra é o tamanho da semente se a quantidade de luz e água forem iguais. Feijões com sementes grandes possuem mais reservas para o embrião e por isso produzem plântulas maiores.

O tamanho de uma semente é uma característica que as plantas herdam da sua mãe, assim como nossa altura é uma característica que herdamos dos nossos pais. Para as plantas, o tamanho da semente é importante para resistir às secas. Sementes grandes perdem menos água para o ambiente que sementes pequenas por causa da relação entre superfície e volume. Quanto maior o volume, menor é a superfície e a semente perde menos água. Além disso, o tamanho da semente define quais animais podem engoli-la e dispersá-la. A semente de uma manga pode ser engolida apenas por um animal enorme como um elefante. Já a semente de uma cereja pode ser engolida e dispersada por um sabiá-laranjeira.

Nas florestas tropicais, quase 90% das árvores possuem frutos que atraem e alimentam os animais. Os animais comem esses frutos e carregam as sementes em seu organismo. Como muitos frutos têm compostos laxativos na polpa, após alguns minutos ou horas essas sementes passam pelo tubo digestório do animal e saem com as fezes. Se um fruto não é comido, ele cai embaixo da planta-mãe e dificilmente germinará. Por isso, os animais que comem frutos são essenciais para a manutenção das árvores nas florestas tropicais.

Uma das plantas que depende de animais para dispersar suas sementes é o palmito-juçara. Seus frutos e suas sementes são muito semelhantes aos do seu primo da Amazônia, o açaí. A polpa desta fruta é rica em gordura e antioxidantes, por isso ela tem sido usada como forma de obtenção de energia, dos ribeirinhos da Amazônia até os surfistas do Rio de Janeiro. Mas a polpa da juçara evoluiu para frutos ricos em energia para atrair as aves da Mata Atlântica, e não surfistas. Como os frutos da juçara não são pequenos (possuem cerca de 1 centímetro de diâmetro, um pouco maiores que bolinhas de M&M's®), apenas as aves com boca larga conseguem engolir e dispersar as sementes da juçara.

Como no filme *De volta para o futuro*, eu resolvi despretensiosamente reanalisar alguns dados que coletei durante meu doutorado sobre os tamanhos de frutos de juçara na Mata Atlântica. Eram dados que estavam em cadernetas de campo velhas e que nem haviam sido usados no meu doutorado. Geralmente os pesquisadores acabam usando apenas uma parte dos dados que coletaram e é raro um cientista ter tempo para reanalisar dados antigos.

UM NATURALISTA NO ANTROPOCENO **113**

Como eu estava em um estágio sabático na Stanford University, nos Estados Unidos, resolvi reler minha própria tese de doutorado. Estágios sabáticos servem para isso, você não precisa dar aulas, ou ir a reuniões burocráticas, e passa a maior parte do tempo conversando com pessoas interessantes e escrevendo trabalhos.

Situada no Vale do Silício, na Califórnia, a Stanford University é considerada uma das universidades mais influentes no mundo moderno. Foram seus professores e estudantes que criaram marcas como Google, Gap, Yahoo, Victoria's Secret, PayPal e mais um monte de aplicativos que usamos diariamente. Muito diferente da Universidade de Cambridge , onde fiz meu doutorado, a Stanford University é um lugar onde os estudantes almejam ficar ricos. A invenção de um aplicativo, um software ou uma patente pode transformar um estudante em um milionário da noite para o dia.

Sem nenhuma pretensão de me tornar rico, eu fui para Stanford para aprender mais sobre os efeitos da defaunação, ou seja, a extinção de animais, nos diferentes processos ecológicos, no laboratório do doutor Rodolfo Dirzo, professor mexicano, considerado o "pai" das teorias da defaunação nas florestas mexicanas. Seu laboratório era repleto de estudantes entusiasmados e professores visitantes experientes. Eu havia conhecido Rodolfo quando ainda era estudante de graduação, quando ele veio proferir uma palestra sobre defaunação, em 1994. Os anos se passaram, eu fui fazer o doutorado na Inglaterra e a possibilidade de testar os efeitos da extinção de fauna em processos ecológicos sempre latejava na minha cabeça.

Fui para Stanford em 2007, onze anos após defender meu doutorado, e comecei a explorar com meu colega de laboratório, o professor Roger Guevara, do Instituto de Ecología de Veracruz no México, como variava o tamanho das sementes do palmito-juçara na Mata Atlântica. Pode parecer uma pergunta ingênua e até boba: por que as sementes do palmito variam em tamanho? Por que isso importa?

Queria entender se a extinção de grandes aves poderia explicar o tamanho das sementes do palmito-juçara. Eu havia medido centenas de sementes dessa planta em um monte de locais na Mata Atlântica e comecei a notar que em cada lugar elas tinham um tamanho diferente. Sementes de palmito da Mata de Santa Genebra eram bem menores que as sementes de palmito do Saibadela. Aos poucos fui adicionando dados de tamanhos de sementes de diferentes regiões da Mata Atlântica e as primeiras análises começaram a me intrigar.

Comecei a perceber que todas as sementes de palmito que vinham de lugares onde as grandes aves tinham sido extintas eram um pouco menores que as sementes de lugares que tinham uma fauna de aves completa, com tucanos e jacutingas. Aquilo me intrigou e começamos a ligar os pontos. Tucanos, jacutingas e arapongas são aves que geralmente conseguem comer frutos grandes porque possuem bocas grandes, e são as mais caçadas.

As sementes do palmito-juçara variam de 0,8 a 1,4 centímetro de diâmetro e toda essa variedade de tamanho é facilmente engolida por jacutingas, arapongas e tucanos. Já as aves menores, como as saíras, nem conseguem engolir as sementes, e as únicas aves pequenas que conseguem ingerir as sementes menores de juçara são os sabiás. Eles só conseguem engolir sementes de até 1,2 centímetro; as maiores que isso não entram na boca do sabiá. Roger e eu começamos a nos perguntar se a extinção local de grandes aves frugívoras poderia ter levado à diminuição do tamanho das sementes do palmito? Quanto tempo isso levaria?

Na década de 1970, o ecólogo norte-americano Daniel Janzen (1970) já havia demonstrado que as sementes que não são dispersas para longe da planta-mãe têm poucas chances de virar plantas adultas. Ou seja, imagine uma população de juçaras numa floresta superpreservada e cheia de aves grandes e pequenas. Se houver uma matança direcionada das aves grandes, só restarão sabiás para engolir e dispersar as sementes da juçara. Como os sabiás só conseguem engolir sementes pequenas, as sementes maiores não serão dispersas, cairão embaixo da planta- -mãe, serão predadas por ratos ou insetos e jamais se tornarão um palmito adulto. Como o tamanho da semente passa de uma geração para outra (o que chamamos de herdabilidade), com o tempo há uma seleção para que a população de juçara produza apenas sementes pequenas, já que todas as sementes grandes morrem embaixo da planta-mãe. Se conseguíssemos provar que a extinção de aves muda a evolução no tamanho das sementes, esta seria a primeira demonstração de como a defaunação afeta a evolução das espécies.

Ao lado de meus orientandos e colegas pesquisadores, começamos a traçar uma meta para testar todas as alter- nativas. Primeiro oferecemos para as aves em zoológico vários frutos de palmito com diferentes tamanhos e regis- tramos quais aves os engoliam e de qual tamanho defeca- vam. Apenas as arapongas, tucanos e jacutingas conse- guiam engolir sementes grandes e pequenas, enquanto os sabiás só conseguiam engolir sementes pequenas, como já prevíamos.

Nossa segunda estratégia foi medir as sementes de juçaras em várias florestas diferentes. As sementes de pal- mito são engolidas e depois regurgitadas pelas aves e é fácil distinguir quais sementes foram dispersadas, quais aves tentaram engolir (porque deixam marcas no bico) e quais ignoraram. Coletamos sementes dispersadas pelas aves buscando-as no chão de várias florestas. Cada semente dispersada era coletada e medida. Nossa segunda sur- presa: em florestas sem tucanos nunca encontramos uma semente com mais de 1,2 centímetro dispersada, enquanto nas matas com tucanos encontramos sementes de todos os tamanhos, pequenas e grandes. Isso comprovava nossos experimentos realizados em zoológicos: palmitos em florestas sem grandes aves não apresentam dispersão de sementes grandes.

Até aí, tudo ia bem, mas alguém poderia dizer que o tamanho das sementes da juçara varia com a quantidade de chuva do local, a fertilidade do solo, a idade da palmeira, ou qualquer outra coisa que não fosse a presença de tucanos ou arapongas. Isso é o que os cientistas chamam de hipótese alternativa. Com meu colega e professor da Unesp, Milton Ribeiro, conseguimos dados de 21 populações de palmito-juçara de todo o Brasil. Visitamos pessoalmente as áreas, coletamos os frutos e verificamos se havia tucanos ou não (Galetti et al., 2013). Além disso, Milton possuía todos os dados de solo e clima de cada uma das populações de palmito. Com isso em mãos, testamos se o tamanho das sementes da juçara poderia ser explicado pelo solo ou clima. A fertilidade do solo, a idade da juçara ou o clima não afetavam o tamanho das sementes da juçara; apenas a presença de tucanos na mata!

Estávamos diante de uma descoberta desconcertante. A extinção de tucanos e outras aves grandes pelo homem não apenas afetava a ecologia das plantas como também sua própria evolução. Como as aves pequenas selecionavam apenas os frutos pequenos do palmito, os frutos grandes iam sendo eliminados da população. Darwin sabia que o homem, selecionando diferentes tipos de características, poderia mudar as espécies rapidamente. Ele mesmo havia feito diversos experimentos com pombos. Mas nem ele ou Wallace pensaram que no Antropoceno o homem poderia ser uma força evolutiva tão forte.

O homem está alterando a evolução de vários outros organismos, não apenas das juçaras. Caçando, pescando ou coletando exaustivamente os maiores indivíduos, o homem vai modificando as características de animais que irão se reproduzir e persistir na natureza. Esses efeitos na evolução dos organismos é uma enorme caixa de Pandora, pois não sabemos como a evolução resultante pode mudar o papel ecológico das espécies e o funcionamento do planeta.

Hoje, algumas populações de elefantes na África já nascem sem marfim por causa da caça intensiva. Elefantes sem marfim têm mais dificuldade de proteger seus filhotes de leões e outros predadores (Campbell-Staton et al., 2021). No Antropoceno é possível estarmos criando oceanos com baleias anãs, tubarões sem barbatanas, polvos sem tentáculos ou rinocerontes sem chifres. Isso se houver tempo para essas espécies se adaptarem ao impacto dos seres humanos. O Antropoceno estará repleto de espécies domesticadas selecionadas pelos humanos e espécies selecionadas por suas ações. Essa alteração da trajetória evolutiva dos organismos poderá provocar sérias implicações para a biodiversidade e o equilíbrio dos ecossistemas.

11
OS VAMPIROS E OS TRÊS PORQUINHOS

Todo mundo odeia morcegos. Na verdade, quase todo mundo; uns poucos biólogos e uns metaleiros gostam dessas criaturas esquisitas. A má fama dos morcegos é uma das maiores *fake news* do mundo animal. Das 1.400 espécies de morcegos que existem, apenas três sugam sangue e apenas um deles consome sangue de mamíferos, o morcego-vampiro, *Desmodus rotundus*. A menos que você seja uma vaca em um sítio rodeado por cavernas, é mais provável que caia um raio na sua cabeça em um dia ensolarado do que um morcego-vampiro chupe seu sangue.

Os morcegos surgiram há 52 milhões de anos e provavelmente a dieta dos primeiros indivíduos consistia apenas de insetos. A maioria dos morcegos come insetos, néctar ou frutos. Os cientistas ainda não sabem como os morcegos-vampiros evoluíram de uma dieta de insetos para uma dieta completamente de sangue, mas especula-se que eles comiam os parasitas de mamíferos e ao removê-los dos animais começaram a beber o sangue deles. Enquanto milhares de espécies de invertebrados se especializaram em beber sangue, poucas espécies de vertebrados se alimentam exclusivamente de sangue. Lampreias (peixes) e morcegos-vampiros são os mais famosos, mas pelo menos quatro outras aves também sugam ocasionalmente o sangue de mamíferos e aves. O tentilhão-vampiro de Galápagos se alimenta do sangue de aves marinhas, e o sabiá-da-praia de Española (também de Galápagos) e duas espécies de pica-bois-de-bico-amarelo eventualmente sugam o sangue de grandes animais nas savanas africanas.

Apesar de muita gente achar os morcegos-vampiros repugnantes, eles são um dos animais mais interessantes do planeta. Um morcego-vampiro não ataca sua presa em voo, mas aterrissa no chão ao lado da vítima e rasteja até ela, geralmente enquanto o indivíduo está dormindo. O morcego detecta a respiração profunda da presa adormecida, sobe pelo corpo do animal para encontrar um local adequado para morder. Ele detecta variações na temperatura corporal por causa do fluxo sanguíneo próximo à superfície da pele e usa seus incisivos para fazer uma pequena incisão na pele de sua vítima. Os dentes são tão afiados, que a vítima raramente percebe que foi mordida, e proteínas especiais que funcionam como analgésicos na sua saliva ajudam a manter as vítimas inconscientes de que foram mordidas. Diferentemente do Conde Drácula e dos zumbis, o morcego-vampiro não suga o sangue da vítima, mas o lambe com sua língua especializada. Anticoagulantes na saliva do morcego-vampiro impedem que ele coagule e permitem que o sangue continue fluindo até que o morcego esteja farto.

Os morcegos-vampiros precisam se alimentar de cerca de 20 gramas (aproximadamente 2 colheres de sopa) de sangue por dia, o que corresponde a quase 50% do seu peso. Imagine que, se você pesa 70 quilogramas, teria que comer diariamente 35 quilogramas de comida! Além disso, os morcegos-vampiros não podem sobreviver mais de dois ou três dias sem uma refeição.

Os seres humanos mal conheciam os morcegos-vampiros quando o escritor Bram Stoker publicou seu livro *Drácula*, em 1897, um romance inspirado no príncipe romeno Vlad, o Empalador, que viveu em 1448. Esse imperador ficou famoso por empalar seus inimigos e deixá-los ao longo das estradas para que quando um exército tentasse invadir seu reinado soubesse com quem estaria lidando. O medo de morcegos-vampiros é um dos mitos que os seres humanos carregam, assim como o medo de tubarão, que ficou estigmatizado após o filme de Steven Spielberg ser lançado em 1975. Atualmente, 100 milhões de tubarões são mortos anualmente para retirar suas barbatanas, que são servidas em pratos de sopa. Os humanos são os maiores pesadelos dos tubarões.

Apesar de os morcegos-vampiros não terem entrado no cardápio dos seres humanos urbanos, os índios Nambiquara os adoram (Setz; Sazima, 1987). Todo ano milhares de morcegos insetívoros e frugívoros são mortos por envenenamento, apesar de certamente não beberem nosso sangue. No passado, os morcegos-vampiros provavelmente eram abundantes e se alimentavam de animais gigantes que perambulavam pelo Cerrado, como preguiças-gigantes, lhamas, gonfotérios e cavalos. A vida dos morcegos-vampiros começou a mudar com a extinção da megafauna há 10 mil anos, o que levou à extinção do maior morcego-vampiro que existiu, o *Desmodus draculae*. O seu primo menor, o *D. rotundus*, conseguiu sobreviver à extinção da megafauna bebendo o sangue de capivaras, focas e antas, mas, quando os europeus trouxeram vacas, cavalos e porcos para as Américas, ele adotou esse novo cardápio. Hoje a dieta do *D. rotundus*, mesmo em regiões remotas na Amazônia, é preferencialmente de animais domésticos (Bobrowiec; Lemes; Gribel, 2015). Mas, nos últimos anos, uma nova presa tem surgido no cardápio dos vampiros: o javali.

O javali é uma espécie de porco selvagem da Europa e da Ásia, pode chegar a 350 quilogramas e foi domesticado há 8.500 anos (Caliebe et al., 2017). Os porcos domésticos, esses animais cor-de-rosa e fofinhos, se parecem muito pouco com o javali selvagem, que é peludo, tem caninos enormes e cara de mal. Porcos domésticos e javalis são na verdade a mesma espécie. Um belo dia, alguém pensou: por que não importamos javalis da Europa para comer aqui no Brasil? Uma revista da época estampava nas capas que era necessário trazer "sangue-azul" para as pocilgas do Brasil, se referindo à introdução de javalis europeus na fauna local para cruzarem com porcos domésticos brasileiros. Esses gênios jamais pensaram que esses animais exóticos poderiam escapar e fundar populações, tornando-se invasores. E foi isso que aconteceu no início dos anos 1990, quando alguns javalis escaparam dos currais, ou foram soltos deliberadamente e começaram a procriar na natureza. Onde tem porcos, tem porquinhos e a população dos javalis cresceu e se multiplicou.

No Brasil o javali encontrou um lugar perfeito para se proliferar, com clima agradável, sem predadores naturais, repleto de pequenas florestas que servem como refúgio e cercadas de plantações de milho e cana-de-açúcar. Se você conhece uma paisagem como essa, sabe por que a população de javalis expandiu por quase todo o Brasil rural. Os cientistas calculam que o javali tenha avançado a uma velocidade de quase 90 quilômetros por ano desde que surgiu pela primeira vez, no Rio Grande do Sul (Hegel et al., 2022).

O javali representava um caso de invasão biológica que necessitava de estudos urgentes. Para controlá-lo, precisávamos saber primeiramente o que ele come, quantos animais existem e quais seus impactos no ambiente. Foi aí que eu e meus orientandos Felipe Pedrosa e William Bercê começamos a estudar a dieta dos javalis em Rio Claro.

Num primeiro momento, achávamos que o projeto não daria certo, afinal, precisaríamos coletar amostras de estômago de javali e a caça é proibida no Brasil desde 1967. Para nosso engano e ingenuidade, descobrimos que a caça nunca acabou, mas estava, sim, escondida no armário da sociedade. Médicos, advogados, frentistas de posto, borracheiros, comerciantes, ex-militares e muita gente que caçava regularmente se prontificou a fornecer amostras de estômagos de javali. Todos tinham um arsenal bélico em casa, além de cães treinados para caçar. Descobrimos que esses caçadores participavam de uma espécie de sociedade secreta. Com o aumento do javali no país e a destruição das lavouras, a autorização para que civis pudessem "controlar" o javali se tornou inevitável e o governo brasileiro abriu a possibilidade desses caçadores saírem do armário. Os caçadores agora tinham a "nobre" missão de controlar os javalis, mas obviamente se uma paca ou veado passasse na sua frente eles não hesitariam em usar sua munição.

Como esses controladores estavam "legalizados" e não tínhamos muita opção, criamos uma rede de controladores e começamos a receber os estômagos dos javalis abatidos. Ao final de um ano tínhamos mais de cem estômagos para analisar. Para a nossa surpresa, os javalis comem de tudo que estiver disponível, mas na região de Rio Claro é um ávido consumidor de cana-de-açúcar e milho das plantações (Pedrosa et al., 2021). Até aí, nosso trabalho seria importante apenas para descrever pela primeira vez a dieta do javali, mas resolvemos amostrar com câmeras automáticas a presença do javali na região. Qual seria sua população na região? Minha orientanda de mestrado Gabrielle Beca se embrenhou por mais de vinte matas colocando câmeras e tentando amostrar não apenas os javalis, mas todos os mamíferos que essas florestas podiam abrigar (Beca et al., 2017). Depois de muitos carrapatos e muitas fotos, chegamos à conclusão de que quase

80% da biomassa de mamíferos dessas matas era de javali. Isso é alarmante, as florestas que deveriam conservar animais nativos haviam se tornado um refúgio para os javalis.

Num dia ensolarado, típico de Rio Claro, meu amigo José Vitte me convidou para visitar o sítio do seu sogro e eu resolvi levar umas câmeras para ver se havia javali na sua propriedade. "Meu sogro sempre diz que aqui tem javali", afirmou ele. Encontrei uma enorme mangueira ao lado de um pequeno fragmento, bastante perturbado, e instalei a câmera que focava algumas mangas no chão. Voltei uma semana depois e olhei as fotos no computador. Um javali enorme havia aparecido comendo mangas, mas, olhando atentamente para o vídeo, notei algo estranho. Morcegos voavam ao redor do javali e em seguida pousavam no chão e rastejavam até o javali distraído. Quando o javali se mostrava mais claro nas filmagens, três morcegos-vampiros estavam em suas costas agarrados, outros sobrevoavam a presa esperando para pousar. O javali nem se incomodava com os morcegos e continuava comendo mangas, deixando a cena à francesa.

Foi nesse momento que eu pensei que estava presenciando algo que poderia ser mais importante que a simples presença de um animal exótico no ecossistema. A invasão do javali não apenas afetava as plantações, mas poderia ter consequências sérias para a saúde humana. Os morcegos são conhecidos por transmitir várias doenças aos humanos, uma delas letal, a raiva. Esta doença é causada por um vírus que provoca encefalite em humanos e quase sempre leva à morte. Cerca de 60 mil pessoas morrem por ano de raiva, a maioria na África e na Ásia (Rabies around the World, 2020). A única maneira de controlar esse vírus é vacinando animais domésticos, mas, enquanto cachorros, gatos, vacas e cavalos podem ser vacinados, os javalis selvagens não o são. Por isso, a proliferação de javalis é um problema de saúde humana.

UM NATURALISTA NO ANTROPOCENO **125**

Depois que me deparei com os vídeos, escrevi para vários amigos que trabalhavam com câmeras, e minha amiga Alexine Keuroghlian rapidamente respondeu meus incansáveis e-mails: "Sim, Mauro, temos morcegos nos javaporcos aqui no Pantanal." No Pantanal os porcos asselvajados (ferais) eram domésticos que fugiram para a mata.[2] Os javalis que encontramos no sul do Brasil eram animais selvagens europeus que fugiram das pocilgas. O javaporco se parece com um porco que encontramos em fazendas e sítios, mas o javali não. Para nossa surpresa, mais e mais relatos de morcegos atacando javalis e javaporcos começaram a surgir.

Muita gente acredita que o Antropoceno será uma época em que surgirão novas doenças, como aconteceu com o vírus SARS-Covid-19. Certamente com o avanço dos seres humanos nas regiões remotas surgirão doenças que estão aparentemente escondidas no meio da Amazônia ou nas geleiras do Ártico, mas também será uma época de ressurgimento de velhas doenças já controladas pela humanidade. As consequências das mudanças no ambiente são imprevisíveis. A introdução de uma espécie exótica, como o javali, nos ensina quão delicados são os ecossistemas naturais. Os morcegos-vampiros, que outrora eram relativamente raros e até certo ponto estavam controlados, poderão ter seu ápice no Antropoceno. O que os ecólogos sabem é que quanto mais presas estiverem disponíveis (javalis), maior será a população de predadores (morcegos). Controlar as populações de javalis hoje é um imenso problema social e ambiental. Poucas espécies de predadores podem conter a invasão dos javalis, apenas a suçuarana e as onças-pintadas. Os "controladores", por sua vez, são caçadores disfarçados

---

2 Os biólogos chamam os animais domésticos que retornam ao estado selvagem de "ferais".

que estimulam o avanço do javali para que suas atividades possam ser legalizadas. Com ou sem caça, teremos que conviver com javalis por muito tempo até que métodos mais eficientes sejam inventados para controlá-los.

No Antropoceno, os três porquinhos são malvados, o lobo já foi extinto e o Conde Drácula parece ter ressurgido das trevas.

12
BAHAMAS: ENTRE IGUANAS OBESOS E DIABÉTICOS

Bahamas, 2021

Caribe? Piratas, praias maravilhosas de areia branca e cruzeiros, essa era a imagem pré-concebida que eu tinha do Caribe até decidir estudar a fundo a ecologia dessas ilhas. Descobri que eu era um completo ignorante em relação à região. O Caribe é composto por 700 ilhas (apenas de 30 a 40 habitadas), distribuídas em 13 países ou 30 territórios, falando 6 línguas distintas (holandês, inglês, francês, haitiano, papiamento e espanhol) e com uma área total um pouco maior que a do estado de São Paulo. O Caribe é dividido em três grandes regiões: as Bahamas (e as ilhas de Turcos e Caicos, que ainda são território do Reino Unido), o "grande" Caribe ou Grandes Antilhas e o Caribe "pequeno" ou Antilhas Menores (*Lesser Caribbean*). As Bahamas são formações de calcáreo, ou seja, corais mortos expostos pela retração do mar. As Grandes Antilhas compreendem quatro ilhas grandes: Jamaica, Cuba, Hispaniola (ou Ilha de São Domingos) e Porto Rico. Essas quatro ilhas foram formadas por antigos vulções e pedaços de continente. Cuba é tão grande que compreende quase 50% de toda a área terrestre do Caribe. Hispaniola é composta por dois países: República Dominicana e Haiti. As Antilhas Menores são um arco de ilhas vulcânicas pequenas, próximas à Venezuela, que formam diversos países independentes (como Dominica, Martinica, Granada) e várias ilhas de domínio inglês, norte-americano, francês ou holandês. Além desses grupos de ilhas, ainda existem ilhas que estão no mar do Caribe (como Curaçao, Aruba, Bonaire e Trinidade e Tobago), que são oriundas do continente.

Para mim, o mais interessante é que o Caribe era um dos arquipélagos mais diversos do mundo e um dos últimos a serem colonizados por seres humanos. Eles chegaram ao Caribe, especificamente em Cuba, há menos de 4 mil anos e, nas Bahamas, há apenas mil anos. Os primeiros humanos que chegaram ao Caribe em canoas vindos da América Central viram ilhas com pelo menos 4 espécies de preguiças-gigantes, 12 espécies de tartarugas-gigantes (semelhantes às de Galápagos) (Kehlmaier et al., 2021), a maior ave de rapina do mundo (*Gigantohierax suarezi*), com mais de 14 quilogramas, a maior coruja do mundo, com 1 metro de altura (*Ornimegalonyx*), macacos semiterrestres (*Paralouatta varonai*), pequenos mamíferos insetívoros venenosos (*Solenodon*), ratos gigantes (hutias), iguanas gigantes (*Cyclura nubila*) e crocodilos terrestres (*Crocodylus rhombifer*) (Cooke et al., 2017). Isso sem contar os inúmeros papagaios e araras-vermelhas. No mar, focas-monge, peixes-boi e uma das maiores diversidades de corais e peixes do mundo.

Quando em 1498 os primeiros europeus chegaram, apenas hutias, *Solenodon*, araras, papagaios, focas-monge, peixes-boi e uns poucos crocodilos e iguanas restavam dessa assustadora fauna. Todo o restante foi comido, perseguido ou perdeu o habitat graças aos primeiros habitantes. Os europeus, por sua vez, foram os algozes das araras, com a última extinta em 1864, e a última foca-monge extinta em 1952. Papagaios, peixes-boi, iguanas e o estranho *Solenodon* agora estão à beira da extinção e talvez não sobrevivam por muito tempo. A fauna da região hoje é composta por animais nanicos. O maior vertebrado é o iguana, com meros 7 quilogramas e que ocorre em uma dúzia de minúsculas ilhas. No Caribe não existem tucanos, araponggas, jacus e outras aves grandes. Também não existem macacos, veados e antas, então hoje em dia os iguanas são os maiores herbívoros.

Eu queria entender como essas ondas de extinções afetaram as interações das plantas com os animais que dispersam sementes. A flora do Caribe consiste em 11 mil espécies de plantas e 50% delas precisam de animais para dispersar suas sementes (Kim et al., 2022). Durante os quase dois anos de pandemia eu resolvi estudar as plantas caribenhas nos jardins botânicos de Miami. A cidade possui diversos deles que abrigam flora caribenha. Durante uma caminhada matinal no Fairchild Tropical Botanical Garden eu coletava os frutos de diversas espécies que ocorriam no Caribe, levava-os para o laboratório e media-os. Aos poucos, comecei a notar que ocorria um padrão claro: frutos grandes no Caribe são quase sempre amarelos. Por quê? Será que esses frutos grandes e amarelos poderiam ser dispersados pela fauna extinta? Será que os iguanas são os únicos remanescentes entre os dispersores de sementes dessas plantas?

Ao lado de dois estudantes de doutorado da Universidade de Miami, o sul-coreano naturalizado norte-americano Seokmin Kim e a brasileira Laís Rodrigues, decidi começar as primeiras expedições para duas ilhas das Bahamas: Eleuthera e Exuma. As Bahamas são um país formado por 3.000 ilhas e ilhotes e foi colonizado por norte-americanos leais aos ingleses, que fugiram dos Estados Unidos após a independência americana. Muitos

130 MAURO GALETTI

desses ingleses leais trouxeram seus escravos e em 1718 fundaram uma colônia britânica. Noventa por cento da população das Bahamas é afrodescendente e o país se tornou independente do Reino Unido apenas em 1973. As Bahamas possuem o terceiro maior PIB das Américas, perdendo apenas para os Estados Unidos e o Canadá, e vive principalmente do turismo e dos impostos dos bancos e empresas *offshore*. Nas Bahamas residem os maiores milionários do mundo e muitos norte-americanos e europeus que não querem pagar os altos impostos nos seus países de origem.

Uma das ilhas das Bahamas é Eleuthera, com 180 quilômetros de extensão e 1,5 quilômetros de largura, e menos de 11 mil habitantes. Esta ilha já teve tartarugas-gigantes, crocodilos terrestres, iguanas e hutias há pouco menos de mil anos, mas hoje não tem mais nada. O maior animal frugívoro é a pomba-de-coroa-branca (*Patagioenas leucocephala*), que é semelhante à nossa pomba-asa-branca (*P. picazuro*).

Eleuthera é dividida em duas regiões: o norte (Harbour Island), com resorts chiques em praias de areia rosada e turistas brancos deitados na praia tomando Mojito, servidos por garçons negros; e o sul da ilha, onde moram os negros que servem os brancos. Os bairros ao sul são vazios, com poucas casas afastadas, muitas inacabadas ou destruídas por inúmeros furacões. Ao longo da estrada veem-se muitos carros e ônibus escolares abandonados e enferrujando num sol escaldante. É evidente que o terceiro país mais rico das Américas possui um abismo entre pobres e ricos. Mansões, iates ou resorts à beira da praia com areias brancas são a imagem que temos das Bahamas, mas as casas semiacabadas ou semidestruídas, com carros e ônibus enferrujados e uma população negra e pobre são as Bahamas *behind the scenes*.

Uma única rodovia corta a ilha de norte a sul. Eu e Seokmin saímos à procura das plantas com frutos que poderiam ser dispersos pelas tartarugas extintas. Se essas plantas dependiam apenas de grandes animais para dispersar suas sementes, certamente suas populações deveriam ser bem raras. Uma dessas plantas é o lírio-amarelo (*Catesbaea spinosa*), um arbusto com espinhos grandes, com lindas flores tubulares semelhantes às flores do copo--de-leite. Seus frutos são macios, grandes e amarelos e do tamanho de uma bola de pingue-pongue. Nada se sabe do que pode dispersar ou mesmo polinizar essa planta. Essa espécie ocorre apenas em Cuba e nessa ilha das Bahamas. Eu me apaixonei à primeira vista quando vi esse lírio no Jardim Botânico de Fairchild e decidi procurá-lo na natureza. Muitos biólogos se aventuram em busca dos últimos exemplares de animais raros, o último rinoceronte, a última arara-azul, mas eu ficava imaginando como essa delicada planta tinha passado os últimos mil anos sem seus dispersores de sementes. Assim como o pequi, o babaçu e tantas plantas no Brasil que esperam pela megafauna, as *Catesbaea* estão esperando pelas tartarugas-gigantes. Isso me comovia e me amedrontava ao mesmo tempo.

Eleuthera é uma ilha em que, ao leste, se avista um mar turquesa com areias brancas e, no lado oeste, um mar azul escuro e revolto. A vegetação é dominada pela *Casuarina*, uma árvore invasora australiana, e por uma vegetação arbustiva baixa em cima de solo coralino, lembrando uma restinga bem empobrecida. Boa parte da vegetação é composta por plantas invasoras, de todas as partes do mundo. Essas plantas devem competir com as plantas nativas em um embate silencioso e desesperador, onde geralmente os forasteiros vencem. Eu ficava pensando se acharíamos alguma *Catesbaea* durante a expedição.

Procuramos por dez dias, por todos os lados da ilha, e nada. Tudo indicava que o lírio-amarelo estava extinto ou era raro demais para encontrarmos. Para nossa sorte, conhecemos o diretor do Jardim Botânico de Eleuthera (Leon Levy Native Plant Preserve), Ethan Freid, que nos sugeriu explorarmos no sul da ilha. Ele mesmo havia coletado algumas plantas há alguns anos. Eu e Seokmin viajamos por algumas horas em uma estrada que começava asfaltada e acabava cheia de buracos e casas abandonadas. Dirigíamos lentamente na estrada e víamos apenas um mar de plantas exóticas, casuarinas e mais casuarinas, leucenas e mais leucenas. Até que com muita sorte avistamos um arbusto com lindas flores tubulares amarelas, era a *Catesbaea*. Uma, duas, três, achamos uma dúzia de plantas amontoadas com outros arbustos exóticos, tentando ganhar um pouco de luz. "Estamos vendo uma planta mais rara que um leopardo-das-neves", brinquei com Seokmin. Sabia que estava exagerando, mas na verdade muitas plantas são tão raras como um leopardo-das-neves, mas raramente pensamos nisso.

Nossa jornada havia chegado ao fim, mas jamais saberemos se essas plantas vão sobreviver no Antropoceno. Além da ausência de tartarugas para dispersar suas sementes, os lírios têm que competir pela luz com plantas exóticas, escapar das cabras introduzidas pelo homem e ainda, quem sabe, escapar dos furacões e do aumento do nível do mar causado pelas mudanças climáticas. Se o mar subir um pouco, as Bahamas vão desaparecer.

Assim como o lírio-amarelo de Eleuthera, muitas outras plantas do Caribe se encontram ameaçadas de extinção. É um destino trágico para uma flora tão exuberante que evoluiu nesses arquipélagos por milhares de anos.

Perto de Eleuthera existe uma série de pequenas ilhas que ainda abrigam iguanas terrestres. O arquipélago da Exuma é um grupo de ilhas ao oeste de Eleuthera e a duas horas de barco de Nassau. Nessas ilhas, hotéis luxuosos e mansões se entremeiam a um mar turquesa com praias de

Figura 12.1 – O raro lírio-amarelo (*Cataesbaea spinosa*), com suas grandes flores e frutos amarelos, é uma espécie endêmica das Bahamas e de Cuba

Foto: acervo do autor

areias brancas. A água é tão clara que da praia podem-se avistar raias, tartarugas e tubarões nadando livremente. Palco de filmes famosos, como os de James Bond, o arquipélago da Exuma é a imagem do paraíso na Terra.

Uma das principais ilhas de Exuma, Staniel Cay, abriga alguns bares, mansões, resorts, casas de veraneio e um pequeno aeroporto. A menos de vinte minutos de lancha, a ilha de Guana Cay abriga uma população remanescente de raros iguanas-de-exuma (*Cyclura cychlura finginsi*). Existem menos de mil indivíduos no mundo, restritos a uma meia dúzia de ilhas e ilhotes. Os iguanas-de-exuma são répteis que colonizaram o Caribe há 15 milhões de anos e, assim como os tentilhões de Darwin, ou as tartarugas de Galápagos, os iguanas no Caribe se diversificaram em dezesseis espécies (ou subespécies dependendo do taxonomista).

Guana Cay é uma ilha pouco maior que dois campos de futebol, possui uma vegetação com arbustos espinhosos e cactos. Mais da metade da ilha é desprovida de vegetação e é um ambiente hostil para qualquer organismo. Essas ilhas são antigos recifes de corais mortos que ficaram expostos com o declínio do mar há menos de 7 mil anos. A ilha possui uma praia paradisíaca, com areias brancas banhadas por um mar azul. Chegamos bem cedo em Guana Cay e logo avistamos os primeiros iguanas na praia. Parecia que nos esperavam, uma dúzia deles veio ao nosso encontro assim que desembarcamos. Nunca havia visto animais tão dóceis. A primeira impressão é que esses iguanas não possuíam predadores, por isso eram dóceis, mas em poucos minutos descobrimos o que eles esperavam da gente. Em pouco menos de vinte minutos, começaram a chegar barcos repletos de turistas. O que eu não esperava é que essa horda de turistas vinha alimentar os iguanas com uvas, bolachas, biscoitos e mais porcarias. Os iguanas se aglomeravam na praia esperando seu petisco enquanto turistas tiravam suas *selfies* com eles. É uma cena deprimente, ver os últimos iguanas-de-exuma se portando como pombos domésticos.

Fiquei pensando se alimentar os iguanas salvou a espécie da extinção ou se isso os deixou mais dependentes dos humanos. Chuck Knapp é vice-presidente do Aquário de Shedd em Chicago e estuda os iguanas-de-exuma há mais de 20 anos. Ele visita anualmente as populações de iguanas coletando sangue e medindo a saúde de cada um. Ao longo desses anos, Chuck notou que os iguanas-de-exuma estão mais gordos e com alta glicose sanguínea por causa da suplementação alimentar pelos humanos (French et al., 2022). Além de "diabéticos", os iguanas estão sedentários e ficam esperando os turistas chegarem à praia o dia todo. Com isso, seu papel como dispersor de sementes das plantas nativas é ineficaz porque todas as sementes que eles poderiam dispersar são depositadas na areia e acabam não germinando (Sengupta; McConkey; Kwit, 2021).

Os iguanas-de-exuma são um paradoxo da conservação. A caça desenfreada e a destruição da vegetação para a construção de resorts de luxo ou mansões levaram os iguanas a viverem isolados em minúsculas ilhas desérticas com alta chance de serem extintos por furacões ou simplesmente por terem uma população pequena demais. A suplementação alimentar dos humanos ajuda a reduzir a mortalidade dos iguanas, especialmente em anos mais secos. Mas, ao mesmo tempo, transforma esses iguanas selvagens em pets sedentários, gordos e diabéticos e que pouco cumprem sua função no ecossistema. Essa *domesticação* da natureza selvagem para sustentar o desejo de humanos de tirar *selfies* com animais exóticos tem seu ápice nas Bahamas.

Aos poucos descobri que a prática de alimentar animais para atrair turistas é amplamente difundida nas Bahamas. Os tubarões são alimentados, as tartarugas marinhas são alimentadas e os iguanas são alimentados pelos turistas. A atração mais bizarra das Bahamas é o *swimming with pigs*. Dezenas de barcos e lanchas vindo de Nassau chegam à Ilha dos Porcos para nadar com enormes porcos domésticos. Os turistas trazem cenouras e todo tipo de porcaria para alimentá-los e nadar com eles em uma exuberante praia. É uma visão oposta do que conhecemos de conservação da natureza. Existem centenas de vídeos de *influencers* alimentando e nadando com os porcos.

A ideia de que alimentar animais selvagens seja benéfico para a natureza é equivocada. No mundo todo os animais vêm sendo alimentados por humanos como uma forma de "conservar a natureza". Nos Estados Unidos e na Inglaterra quase todo quintal possui um comedouro com sementes para aves. Esse mercado gera um volume de bilhões de dólares em rações para atrair aves e comedouros. O que poderia parecer bom para as aves, na verdade está alterando até mesmo a evolução delas. Indivíduos que seriam eliminados por competição agora encontram fartura de recursos no inverno. Além disso, diversas aves que eram migratórias estão se tornando sedentárias com a alimentação artificial e, para piorar, os comedouros podem se tornar focos de doenças que podem se espalhar por toda a população das aves (Shutt; Lees, 2021).

Eu espero que o futuro da observação da natureza e da vida selvagem seja bem mais saudável para as futuras gerações. As Bahamas são um exemplo de como não se deve observar e conservar a natureza. Se observar a natureza requer alimentá-la e domesticá-la, estamos transformando o planeta em um imenso zoológico repleto de animais obesos, diabéticos e sem nenhuma função ecológica. Será o fim da vida selvagem como a conhecemos.

Figura 12.2 – Um iguana-de-exuma esperando para ser alimentado por turistas nas praias das Bahamas

Foto: acervo do autor

13
GALÁPAGOS:
FLORESTAS DE GOIABEIRAS E
TARTARUGAS SOLITÁRIAS

"Nada poderia ser menos convidativo a primeira aparição. Um campo de lavas negras e basálticas, lançado nas ondas mais acidentadas e atravessado por grandes fissuras, está em toda parte coberto por um mato atrofiado, queimado pelo sol, que mostra poucos sinais de vida. A superfície seca e ressequida, aquecida pelo sol do meio-dia, dá ao ar uma sensação próxima e abafada, como a de um forno: até que os arbustos cheiravam desagradavelmente"

(Charles Darwin sobre Galápagos)

Caminhei no meio de arbustos espinhentos e de cactos gigantes, embaixo de uma chuva torrencial. Nunca tinha visto tanta água e não tinha como me esconder, ali não tinha árvores para me proteger. Havia deixado a capa de chuva no hotel ("Acho que não vai chover...", pensei, e obviamente a lei de Murphy se fez presente). No meio da tempestade escutei um som medonho, alto,

140 MAURO GALETTI

gutural a poucos metros de mim. Arrastei-me pelos arbustos cheios de espinhos e logo atrás de uma rocha me deparei com duas tartarugas de uns 300 quilogramas copulando. Era uma visão única, não me aproximei muito e me deitei no chão encharcado para fotografar a cena. A chuva não dava trégua. Sim, eu estava em Galápagos e estava feliz por assistir a uma cena típica de um documentário de TV.

Todos os biólogos e amantes da natureza sonham em visitar Galápagos. Essas ilhas são a "Meca dos biólogos", não apenas pela natureza bizarra, como iguanas-marinhos, tartarugas-gigantes, atobás-de-pés-azuis, mas também porque foi nessas ilhas que Charles Darwin andou e coletou informações que foram importantes para escrever a teoria da evolução das espécies através da seleção natural. Galápagos tem sido chamada de um laboratório vivo e prova da evolução das espécies. Antes de Darwin, imperava a teoria de que a vida na Terra havia sido criada por Deus no domingo, 23 de outubro do ano 4.004 a.C. Hoje sabemos que a vida foi sintetizada há pelo menos 3,8 bilhões de anos (Mojzsis et al., 1996).

O arquipélago de Galápagos faz parte do Equador e está localizado em uma das regiões com maior atividade vulcânica do mundo. As ilhas se encontram entre duas placas tectônicas: a de Nazca e a de Cocos, e estão a 1.100 quilômetros do continente e exatamente na linha do equador (latitude zero). É um arquipélago composto por treze ilhas vulcânicas e diversos ilhotes com diferentes idades. Todas as ilhas são oceânicas e por isso jamais foram conectadas ao continente. Diferentemente de Ilhabela, Ilha Grande e Ilha de Santa Catarina, que eram uma continuação do litoral brasileiro e, com a elevação do mar e o alagamento das áreas baixas, se tornaram ilhas, Galápagos jamais foi conectado à América do Sul. Por isso, toda a fauna e flora dessas ilhas chegou voando, boiando ou dentro de algum animal. Com o isolamento e o tempo, as espécies evoluíram e se diversificaram em novas.

Cada ilha em Galápagos tem uma idade diferente; as mais velhas, Espanhola e São Cristóvão, se formaram há cerca de 3,5 milhões de anos e a mais nova, Fernandina, há menos de 750 mil anos. Galápagos é um mundo em movimento: enquanto as ilhas são formadas por erupções vulcânicas ao leste, a placa de Nazca se move em direção ao oeste e as ilhas se movem lentamente em direção à América do Sul. Por isso, as ilhas do oeste são mais antigas que as do leste. Enquanto algumas ilhas não possuem mais vulcões ativos (São Cristóvão, Espanhola, Floreana), outras chegam a ter até cinco vulcões (Isabela).

Todos os animais e vegetais de Galápagos possuem parentes próximos na América do Norte, como leões-marinhos; no Caribe, como flamingos e tentilhões de Darwin; na América do Sul, como tartarugas, iguanas terrestres e mergulhões; ou na Antártida, como pinguins e leões-marinhos peludos. Dados moleculares indicam que os iguanas-marinhos são descendentes de iguanas terrestres da América Central. Do ponto de vista das plantas, 99% das espécies são aparentadas da América do Sul e cerca de um terço das espécies de plantas (170 espécies) são endêmicas.

Essas ilhas foram oficialmente descobertas em 1535 pelo frei Tomás de Berlanga, que viajava do Panamá para o Peru, e seu barco à deriva acabou encostando em Galápagos. Berlanga e a tripulação resolveram descer para procurar água fresca, mas jamais a encontraram. Foram obrigados a sobreviver de gomos de cactos. Ele descreve Galápagos como as ilhas em que Deus fez chover pedras, e tão inférteis que mal cresciam ervas. Somente em 1570 as ilhas de Galápagos foram incluídas no mapa-múndi pelo cartógrafo holandês Abraham Ortelius, que as chamou de ilha dos Galápagos em alusão às tartarugas-gigantes com cascos que lembravam selas de cavalos e, por isso, a menção a "galopar".

Seu mais famoso visitante, Charles Darwin, então com 27 anos, chegou a Galápagos, na Ilha de São Cristóvão, no dia 15 de setembro de 1835, quase quatro anos após ter saído da Inglaterra. Darwin ficou cinco semanas no arquipélago e desembarcou em apenas 4 das 13 maiores ilhas. Do tempo que passou em Galápagos esteve em terra firme apenas 6 dias em São Cristóvão, 4 em Floreana, 4 em Isabela e 10 dias em Santiago. Mas, diferentemente do que as pessoas imaginam, Darwin nunca teve um momento de *"Eureka!"* em Galápagos e sua brilhante teoria foi resultado de várias coincidências e evidências acumuladas. Evidências essas baseadas em observações ao longo da sua viagem com o Beagle e dos diversos experimentos que ele realizaria mais tarde na Inglaterra.

Uma dessas coincidências foi ter encontrado na ilha de Floreana (uma das poucas ilhas habitadas de Galápagos) o vice-governador, Mr. Lawson, que lhe alertou sobre as diferenças nos cascos das tartarugas-gigantes. Larson disse a Darwin que seria capaz de dizer de qual ilha cada tartaruga era oriunda apenas olhando a forma do seu casco. Os famosos tentilhões de Darwin, que figuram como exemplo clássico de evolução, jamais chamaram a sua atenção. Na verdade, foi John Gould, um dos mais renomados ornitólogos do seu tempo, que notou que as doze espécies de tentilhões coletadas, todas com bicos e formas diferentes, pertenciam a uma única família. A ideia de que Darwin era um gênio e que quando chegou a Galápagos "descobriu" como as espécies evoluíram é completamente equivocada. Boas ideias levam tempo para serem amadurecidas, até mesmo para Charles Darwin.

São Cristóvão é uma ilha uma vez e meia maior que Ilhabela, a maior ilha costeira do Brasil. Darwin chegou em setembro, o pico da estação fria e seca, quando menos de um centímetro de água chove no mês e quase toda a vegetação perde as folhas. São Cristóvão possui um lago (El Junco) e um antigo vulcão como fonte de água, mas boa parte da água doce que abastece a ilha e rega sua vegetação advém de chuvas trazidas pelos ventos que se chocam com as montanhas e ali deságuam. Por isso, Galápagos tem uma vegetação que se parece mais com uma caatinga nas partes baixas (entre 0 e 150 metros acima do nível do mar) e uma floresta luxuriante nas partes altas, acima de 200 metros de altura. Eu cheguei a São Cristóvão em 26 de fevereiro de 2022, quase dois séculos depois de Darwin. Eu havia sido convidado para lecionar por três semanas um curso de campo para estudantes da Universidade de Miami. Apesar de ser biólogo e ter lido muito sobre Darwin, eu sabia muito pouco sobre Galápagos. Puerto Baquerizo Moreno, capital de São Cristóvão, é uma cidade com pouco mais de 6 mil pessoas. Como uma típica cidade latino-americana, está repleta de casas sem pintura, sem reboque, cheia de puxadinhos e arquitetura caótica. As praias e costões rochosos estão repletos de lobos-marinhos. Iguanas-marinhos perambulam pelo calçadão da orla. Nos bancos das praças, leões-marinhos competem por espaço com turistas. Estátuas de Darwin, de todas as idades, estão estrategicamente dispostas em boa parte da cidade, muitas delas de gosto duvidoso. Com barba, sem barba, jovem ou velho, Darwin é uma celebridade ali. Tudo tem o nome de Darwin: bares, cafés, ruas e hotéis. As ruas turísticas são cheias de lojinhas de bugigangas com camisetas e estampas dos animais de Galápagos e obviamente de Darwin.

A ilha de São Cristóvão não possui vulcões ativos e sua altitude máxima é de 730 metros acima do nível do mar. Nas partes baixas a vegetação perde as folhas no inverno e parece uma caatinga seca, enquanto nas partes mais altas a umidade das montanhas deixa a vegetação luxuriante.

Quando cheguei, toda a vegetação estava pelada, sem folhas, seca. Ela é dominada por palos santos no dossel, enquanto o algodão de Darwin cobre o sub-bosque. O palo santo exala um cheiro de incenso fedido e que, imagino, seria o que Darwin menciona quando fala que "até que os arbustos cheiravam desagradavelmente". No meio dessa floresta seca, emergem cactos gigantes (*Jasminocereus*), que lembram os famosos cactos de Sonora e são as únicas coisas verdes na paisagem desoladora.

Se próximo ao mar a vegetação decepciona, a poucos quilômetros dali, em direção às montanhas, ela muda completamente. Uma rica e luxuriante floresta tropical que lembra a Mata Atlântica se avoluma. Mas sua exuberância engana aos olhares mais atentos, pois ela é uma floresta de espécies exóticas e invasoras. Após uma hora percorrendo as estradas que nos levariam ao cume, noto que a floresta é dominada por uma única espécie com flores brancas que me lembrava algo vulgar. Aos poucos notei que toda essa floresta era composta por goiabeiras, espécies invasoras que, há menos de 30 anos, não existiam. Os humanos trouxeram alguns pés e elas se alastraram por toda a ilha. Além de humanos, aves, vacas, cavalos e até as tartarugas de Galápagos adoram comer as goiabas e acabam dispersando suas sementes. Com crescimento rápido, as goiabas tomaram o espaço das florestas de *Miconia* e transforaram as montanhas de São Cristóvão em um enorme pomar.

Para piorar o cenário, a floresta das goiabas possui outras espécies invasoras, como o cedro (*Cedrela fissilis*), que domina o estrato arbóreo, e a amora europeia (*Rubus niveus*), que domina o sub-bosque. Quase nada na montanha é nativo, para todos os lados que se olha, a vegetação é dominada por goiabas misturadas com cedros e amoras. Em raros locais existem pequenas manchas de *Miconia robinsoniana*, uma espécie nativa. Galápagos possui 1.522

espécies exóticas, incluindo as marinhas, e pelo menos 32 delas são invasoras. Na maioria das vezes, tentar erradicá--las é quase impossível e todo o recurso é gasto tentando controlar essas populações.

Se São Cristóvão é uma ilha repleta de plantas exóticas, a comunidade de aves marinhas é um deslumbre aos olhos: fragatas (duas espécies), pelicanos, atobás-de-pés-azuis, gaivotas e rabos-de-junco estão por toda parte. Diferentemente das Bahamas, onde a vida silvestre é "domesticada" para atrair turistas, em Galápagos ela está em toda parte e, como é terminantemente proibido alimentar a fauna, os animais são realmente selvagens. Tentilhões de Darwin estão em toda parte, em Puerto Baquerizo, muitos estão anilhados e os pesquisadores tentam entender como as cidades estão afetando a evolução dessas aves. Todas as praias estão repletas de leões-marinhos. Tomar um banho de mar pode ser bastante amedrontador, pois eles estão quase sempre com filhotes e suas mães são bastante protetoras contra estranhos.

Nas praias, iguanas-marinhos tomam sol e se confundem com as rochas vulcânicas. Após algumas horas ao sol, eles caminham lentamente até o mar à procura de seu único alimento: as algas marinhas. Os iguanas podem mergulhar a mais de 30 metros e permanecer até uma hora mergulhados comendo algas marinhas. Um iguana de 1 quilograma consome diariamente 40 gramas de algas, e uma população de iguanas de 1.900 indivíduos chega a comer quase 29 toneladas de algas por ano (Nagy; Shoemaker, 1984).

Mas quem vai a Galápagos quer ver seu mais famoso habitante: as tartarugas-gigantes de Galápagos. Elas – que na verdade são jabutis, porque tartarugas são os quelônios marinhos, mas vou manter o nome "errado" de tartarugas ao longo deste livro – são aparentadas do jabuti-piranga e outros jabutis da América do Sul. Seus ancestrais

Figura 13.1 – Os iguanas-marinhos de Galápagos são exclusivamente vegetarianos e especialistas em algas

Foto: acervo do autor

chegaram flutuando da América do Sul há cerca de 3 milhões de anos. Talvez uma única fêmea grávida tenha desembarcado em São Cristóvão, a ilha mais próxima do continente. Uma tartaruga-gigante de Galápagos pode ficar até um ano sem beber água doce ou comer. Depois de chegar a São Cristóvão, essas tartarugas levaram mais de um milhão de anos para colonizar as ilhas restantes. Ninguém sabe se elas já chegaram gigantes ou se evoluíram para um gigantismo em Galápagos. Os biólogos descobriram animais que são grandes no continente, como elefantes, mas que, quando colonizam ilhas, evoluem para espécies anãs, porque as ilhas não possuem muito alimento. De modo inverso, os animais que são pequenos no continente, quando colonizam as ilhas, evoluem para espécies gigantes por causa da ausência de predadores. Os elefantes que colonizaram as ilhas de Sardenha, Sicília ou Maiorca se tornaram anões, enquanto diversos ratos silvestres que colonizaram ilhas se tornaram gigantes.

O avantajado tamanho das tartarugas de Galápagos tem sido usado como exemplo de gigantismo em ilhas, mas o fato de ter havido diversas tartarugas-gigantes no continente americano e na África, hoje todas extintas, coloca em dúvida essa teoria. Provavelmente para cruzar os mil quilômetros que separam a América do Sul para Galápagos, apenas indivíduos gigantes teriam tido chances de sobreviver. Por isso, é mais provável que as tartarugas de Galápagos já tenham chegado gigantes lá.

Após 3 milhões de anos, colonizando ilha por ilha, as tartarugas de Galápagos atingiram seu ápice em diversidade com 15 espécies. Apenas a ilha de Isabela possui mais de 1 espécie (na verdade 5, sendo 1 em cada vulcão), enquanto as outras ilhas possuem apenas 1 espécie (talvez 2). Essa radiação adaptativa também ocorreu em vários organismos que chegaram a Galápagos, como os iguanas-marinhos (12 subespécies), os lagartos de lava (10 subespécies) e até mesmo aves como os tentilhões (17 espécies).

Mas a sorte das tartarugas de Galápagos começou a mudar com a chegada dos primeiros seres humanos. Até 1780 Galápagos era visitada apenas por um punhado de piratas e marinheiros rebeldes, mas com a crescente demanda de óleo de baleia no mundo os navios baleeiros começaram a operar e parar regularmente em Galápagos. Como cada viagem para capturar baleias durava cerca de um ano e as tartarugas podem permanecer um ano sem água ou comida, elas se tornaram fonte essencial de carne fresca para as longas viagens. Cada navio baleeiro capturava entre 200 e 300 tartarugas para armazená-las nos porões dos navios. Entre 1800 e meados de 1900 estima-se que entre 200 e 300 mil tartarugas de Galápagos tenham sido capturadas. Essa exploração massiva quase levou as tartarugas à extinção e hoje apenas 10% das que existiam em Galápagos restaram, e 3 das 15 espécies foram completamente extintas.

Das 15 espécies que um dia existiram em Galápagos, restou apenas um indivíduo de *Chelonoidis abingdonii* na ilha de Pinta. George, como foi apelidada essa tartaruga, nasceu provavelmente no início de 1900. Pinta é um pouco maior que Fernando de Noronha e sua vegetação seca foi dizimada por cabras introduzidas por marinheiros. As pobres tartarugas, além de serem caçadas, ainda tinham que competir pelo alimento escasso com as cabras introduzidas.

George, o último jabuti gigante de Pinta, foi capturado em 1971 e levado para a Fundação Charles Darwin com o intuito de tentar salvar a espécie da extinção. Por ser o último da sua espécie, foi nomeado de *Lonesome George*, ou George, o Solitário. Apesar de recompensas e buscas intensas, nunca foi encontrada uma fêmea na ilha de Pinta. George também se negou a reproduzir com as fêmeas de outras espécies de tartarugas de Galápagos. No dia 24 de junho de 2012, o tratador de George encontrou-o sem vida no seu recinto, após quarenta anos em cativeiro e esperando por uma noiva que nunca veio. George tinha 100 anos e, com sua morte, *C. abingdonii* foi extinta para sempre. Hoje o corpo embalsamado de George encontra-se em uma sala refrigerada, escura e restrita a poucos visitantes. Seu corpo fica exposto numa redoma de vidro, como uma Mona Lisa. As pessoas entram em silêncio, cabisbaixas, falam baixo, como se estivessem diante de uma santa. Talvez elas venham pedir perdão pelo que fizeram com sua espécie. Talvez estejam se confessando ou procurando uma ajuda espiritual. A extinção dessa espécie poderia ter sido um exemplo para nós humanos, mas não parou por aí. Em 2019, uma fêmea de outra tartaruga de Galápagos considerada extinta (*C. phantasticus*) foi descoberta na ilha de Fernandina, a mais jovem e com maior atividade vulcânica entre todas de Galápagos. Apesar de inúmeras buscas, apenas um indivíduo (chamado de Fernanda) foi encontrado. Hoje, Fernanda, a Solteira, parece ter seu destino igual ao de George, e se encontra no Centro Charles Darwin esperando um noivo para salvar a espécie.

O destino de George, Fernanda e suas espécies é o mesmo de muitas extintas pelo homem. Assim como George, o Solitário, e Fernanda a Solteira, houve um dodô solitário, um tigre-da-tasmânia solitário e um dia haverá um homem ou mulher solitário ou solitária se continuarmos destruindo o planeta.

Figura 13.2 – Um jabuti gigante de Galápagos descansa sob um arbusto na ilha de São Cristóvão

Foto: acervo do autor

14
FERNANDO DE NORONHA:
INFLUENCERS ENTRE GATOS E RATOS

Fernando de Noronha, maio de 2022

As ilhas tropicais estão na imaginação do ser humano como locais isolados, paradisíacos, cheios de palmeiras e resorts luxuosos. Para os cientistas as ilhas são um enorme laboratório vivo, uma espécie de placa de Petri gigante, onde podemos aprender como a vida surgiu e se diversificou. Nas ilhas encontramos os animais mais bizarros do mundo, iguanas-marinhos, sabiás que predam aves marinhas, elefantes anões, tartarugas-gigantes, lêmures gigantes e pombos gigantes que perderam sua capacidade de voar. O entendimento desses minimundos tem iluminado nossa compreensão em quase todos os campos da Biologia.

Talvez a melhor definição de uma ilha para um naturalista seja que elas são ecossistemas simples e naturalmente empobrecidos, com espécies bizarras e extremamente frágeis. Simples e empobrecidos porque colonizar uma ilha no meio do oceano é para poucos. Apenas as espécies que voam, boiam ou que ocasionalmente pegam carona como náufragos podem colonizar ilhas. Bizarras porque, uma vez colonizando uma ilha, as espécies precisam se virar,

152 MAURO GALETTI

se adaptar a um novo ecossistema. Encontrar comida, abrigo e se reproduzir. Por isso, qualquer oportunidade de mudança pode gerar uma nova espécie. Frágeis porque as populações das ilhas, uma vez que uma nova espécie surge, estão confinadas apenas a aquele pequeno espaço e qualquer perturbação pode levar a espécie à extinção.

Existem 900 mil ilhas no mundo, mas as mais famosas como Hawaii, Bahamas, Fernando de Noronha e Bali estão no imaginário coletivo de milhares de pessoas no mundo. Celebridades e ricos com suas lanchas e iates escolhem ilhas tropicais ensolaradas para postar suas fotos de férias ou casamentos glamourosos. Uma dessas ilhas paradisíacas é Fernando de Noronha, que fica a 345 quilômetros do Rio Grande do Norte e é a única ilha vulcânica brasileira frequentada por turistas. A outra grande ilha vulcânica do Brasil é Trindade, que fica a 1.100 quilômetros do Espírito Santo e é completamente desconhecida pelos brasileiros. Enquanto Noronha recebe 130 mil turistas por ano, Trindade recebe apenas missões científicas e possui uma base da Marinha. Para a enorme maioria dos visitantes de Noronha, a ilha possui praias paradisíacas, uma vegetação luxuriante e uma vida marinha maravilhosa.

Fernando de Noronha é na verdade um arquipélago com 21 ilhas, ilhotas e rochedos e é resultado de um vulcão que surgiu 12 milhões de anos atrás. Assim como Galápagos e as demais ilhas vulcânicas do mundo, todas as espécies que ocorrem ali chegaram pelo vento, nadando ou trazidas pelo homem. Esse conjunto de ilhas vulcânicas de apenas 26 km^2 de superfície foi descoberta pelos portugueses em 1503 e visitada por algumas horas por Charles Darwin em 19 de fevereiro de 1832. Darwin descreveu Noronha como uma ilha repleta de floresta, mas a crescente ocupação humana a levou a uma degradação ambiental e a floresta vista por Darwin não existe mais. Entre 1737 e 1942, Fernando de Noronha abrigou uma colônia penal, chegando a comportar um total de 2.300 detentos. Nesta colônia os prisioneiros podiam circular livremente pela ilha, porque dificilmente iriam escapar. Para impedir que os presos construíssem canoas e fugissem, boa parte das árvores grandes foram cortadas. Hoje a floresta de Noronha é composta de espécies invasoras da Austrália ou da África e poucas árvores são nativas. O que pode parecer uma paisagem perfeita para os *influencers*, é um mar de espécies exóticas invasoras.

O que poucos sabem é que essa ilha possui a maior diversidade de aves marinhas do Brasil (11 espécies e mais de 100 mil aves), com 3 espécies de atobás, 2 de rabo-de-junco, 2 de viuvinhas, além de trinta-réis-das--rocas, pardelas-de-asa-larga e duas espécies de fragatas. Ela possui não apenas aves marinhas, como também 5 espécies de vertebrados que só ocorrem ali – 2 aves florestais (a cocoruta e o sebito), 2 répteis (uma lagartixa chamada localmente de mabuia e a cobra-de-duas-cabeças [*Amphisbaena ridleyana*]) e 1 mamífero (rato-de-noronha, hoje extinto). A cocoruta e o sebito certamente chegaram voando, mas como a mabuia, a cobra-de-duas-cabeças e o rato-de-noronha chegaram lá, ainda é um mistério.

Por muito tempo os cientistas acharam que a mabuia havia pegado carona com a vegetação flutuante na costa do Brasil, mas os dados moleculares mostraram que na verdade ela veio da África, onde as espécies aparentadas estão na costa oeste do continente e na ilha de São Tomé e Príncipe (Mausfeld et al., 2002). Isso mesmo, um belo dia, há cerca de 9 milhões de anos, uma lagartixa grávida estava em uma árvore na costa africana e foi arrastada pelo oceano pela corrente de Benguela. Cinco meses depois essa vegetação flutuante chegou a Noronha. Sem predadores e competidores, a mabuia, uma fêmea grávida (ou um casal) multiplicou-se e ao longo do tempo se divergiu em uma nova espécie. Hoje a mabuia é avistada em qualquer lugar,

154 MAURO GALETTI

nas pousadas, na praia, nos arbustos e nas rochas. A densidade de mabuias é tão alta que uma área de um campo de futebol abriga aproximadamente 1.700 lagartixas (Rocha et al., 2009). A chegada de uma lagartixa em cima de um tronco boiando em uma ilha distante pode parecer impossível de acontecer, mas na verdade é só uma questão de tempo e de condições exatas no lugar exato.

Se a viagem da mabuia deve ter sido um evento espetacular, a colonização pelas aves também não foi fácil. Voar do litoral de Pernambuco a Fernando de Noronha não é uma tarefa simples, especialmente para uma ave de apenas 10 gramas. Como não existem ilhas entre Noronha e a costa do Brasil para que elas façam um *pit stop,* os ancestrais do sebito e da cocoruta voaram 345 quilômetros sem intervalo para colonizar esse paraíso. Como eles sabiam que no final desse trajeto havia uma ilha? Será que foram carregados por alguma tempestade? Como pequenas aves alcançam ilhas remotas no oceano é um mistério para os biólogos. Mas o feito dos ancestrais do sebito e das cocorutas não chega perto ao das aves que chegaram a Tristão da Cunha, uma das ilhas mais remotas do mundo.

Tristão da Cunha é um pequeno arquipélago de 96 km^2 que fica a 2.700 quilômetros da costa da África e a 3.500 quilômetros da América do Sul. Tristão, com três ilhas (Tristão, Inacessível e Gough) é considerado o arquipélago mais remoto do mundo. Como não existe aeroporto nas ilhas, levam-se seis dias de barco para elas serem alcançadas. Esse remoto arquipélago tem apenas 8 espécies de aves terrestres residentes e a maior diversidade de aves marinhas, com 22 espécies, incluindo 6 de pinguins e 6 de atobás. Essas pequenas ilhas no meio do Atlântico são o paraíso das aves marinhas pois abrigam mais de 8 milhões delas, como albatrozes, pinguins, pardelas, petréis, trinta-réis e fragatas. Mas uma das espécies de aves mais bizarras de Tristão é uma pequena ave terrestre, o sabiá-eremita (*Turdus eremita*). Esse sabiá é parente próximo de nosso sabiá-poca (*T. amaurochalinus*) (Voelker et al., 2007) e seus descendentes voaram até lá ou foram arrastados por correntes cerca de 3.500 quilômetros da América do Sul até chegar a Tristão da Cunha, provavelmente uns 3 milhões de anos atrás. Um avião levaria 4 horas para cruzar esses 3 mil quilômetros, imagine quantos dias deve ter levado para um sabiá voar da América do Sul até Tristão? Um ornitólogo sueco (Hedenström, 2007) estimou que as aves que possuem longas migrações podem percorrer uma velocidade de 84 quilômetros por dia. Se o precursor dos ancestrais do sabiá-eremita teve a mesma velocidade, ele e sua companheira podem ter levado cerca de 40 dias voando até chegar a Tristão. Hoje sabemos que todas as aves endêmicas terrestres de Tristão vieram da América do Sul. É mais provável que boa parte delas tenham se aproveitado dos ventos e correntes do sul da Argentina para colonizar essas remotas ilhas.

Uma vez percorrida essa distância, quando as aves chegam a uma ilha, elas têm três destinos: morrem de exaustão e a viagem foi em vão, chegam à ilha e descobrem que na verdade ela já é habitada e precisam competir com outras espécies que chegaram antes ou, ainda, se a ilha estiver vazia, adaptam-se ao novo habitat e se reproduzem. Se a ilha for pequena demais, a competição com as outras espécies será mais acirrada e provavelmente apenas uma sobreviverá. Se a ilha for grande o suficiente para abrigar várias espécies, a coexistência será mais provável. Quanto mais longe for a ilha do continente, menor a probabilidade de que outra espécie a tenha colonizado, então, se a ave consegue fazer essa viagem, suas chances de chegar a uma ilha vazia são muito altas. Mas se a ilha for perto do continente, provavelmente muitas outras aves já a colonizaram antes. Então, o número de espécies em uma ilha é um balanço de quantas espécies chegam

156 MAURO GALETTI

(imigrantes) e quantas são extintas em relação ao tamanho da ilha (MacArthur; Wilson, 2016). Quanto mais espécies chegam à ilha, maior a probabilidade de ocorrerem extinções, a menos que a ilha seja muito grande.

Por sorte, os bravos sabiás que colonizaram Tristão encontraram uma ilha vazia, exploraram novas oportunidades e se diversificaram em três novas subespécies de sabiás-eremitas, uma para cada ilha. O sabiá-eremita pode parecer apenas mais um sabiá, ter cara de sabiá, cantar como um sabiá, procurar comida no solo comendo minhocas como um sabiá, mas evoluiu para um comportamento bizarro. Quando os cientistas estudaram as aves marinhas, descobriram que esse inofensivo sabiá é o maior predador de ovos e até mesmo de filhotes de aves marinhas (Ryan; Ronconi, 2010).

Enquanto a colonização de ilhas é um motor para a evolução, pois gera novas espécies, no Antropoceno muitas espécies acabam chegando nas ilhas pela ajuda humana. Várias chegaram a Noronha pegando carona com os seres humanos. As ratazanas (*Rattus rattus* e *R. norvegicus*) e os camundongos (*Mus musculus*), que são originários da China e da Europa, chegaram a Noronha com as primeiras caravelas. Ao chegar a esse paraíso sem predadores, com fartura de comida (mabuias, ovos de aves marinhas, sebitos e cocorutas), cresceram e multiplicaram-se. Fernando de Noronha não tem cobras, gaviões, felinos nativos, corujas ou outros predadores que poderiam ter controlado o crescimento da população de ratos. Então, eles prosperaram tanto que, em 1630, a ilha foi abandonada pelos holandeses porque os ratos haviam dizimado todas as plantações. Para solucionar o problema de superpopulação de ratos, diversos gatos e depois lagartos teiús foram introduzidos na ilha.

O gato foi domesticado numa região chamada de Crescente Fértil (onde hoje se localizam Síria, Irã, Líbano,

Palestina, Israel ou Mesopotâmia e Jordânia) há 12 mil anos (Driscoll et al., 2007) como instrumento para controlar os ratos que comiam os grãos das plantações. Em Noronha, seguindo a mesma ideia dos mesopotâmicos, os gatos também foram introduzidos para controlar os ratos que comiam as frutas e os grãos das plantações. Mas será que os gatos controlam a população de ratos em Noronha?

Essa pergunta que pode parecer simples é uma das mais antigas e complexas da Ecologia. Em 1926, dois matemáticos, Alfred Lotka e Vito Volterra, desenvolveram equações para entender se os predadores podem controlar suas presas. Imagine um casal de ratos, um Adão e uma Eva dos roedores, chegando ao paraíso chamado Fernando de Noronha. Essa fêmea dá à luz 6 ninhadas por ano, com 12 filhotes cada, ou seja, uma única fêmea produz 72 filhotes por ano! Se nenhum ratinho morrer (e não há razão para isso porque não existem predadores na ilha) e nascerem metade de ratos fêmeas, a população de ratos após cinco anos chegará a 124.291.584 indivíduos! Esse crescimento contínuo é o que os ecólogos chamam de "crescimento exponencial"; a população cresce sem parar. Claro que isso é hipotético, porque os ratos vão envelhecendo e morrendo de causas naturais, mas o importante é que todas as espécies da natureza sonham em ter um crescimento exponencial. Da bactéria cariogênica que vive na sua boca aos elefantes na África ou os seres humanos, todas as espécies podem crescer sem parar se não estiverem sujeitas a competições por alimento, predação ou doenças. Como a comida e o espaço são finitos, uma hora há tantos ratos na ilha que falta comida e espaço para todos. Sem predadores, a população de ratos de Noronha só é limitada pela quantidade de comida e pelo espaço, e é isso que os ecólogos chamam de "capacidade suporte". Ou seja, a população de ratos cresce até o limite que o ambiente consegue comportar.

158 MAURO GALETTI

Depois desse limite, a população é regulada pelo próprio número de ratos que existem na ilha, um competindo com o outro por alimento.

Uma das maneiras mais comuns de se controlar os ratos é introduzir um predador e certamente os gatos são os principais candidatos para isso. Vamos supor que sejam introduzidos 2 gatos em Noronha e que existam 1.000 ratos para serem comidos. No começo haverá uma fartura de ratos para os felinos, mas se os gatos tiverem gatinhos, a sua população também aumentará exponencialmente. Mais gatos, menos ratos, até que a quantidade de gatos seja tão alta, que os ratos ficarão raros e difíceis de achar. Com poucos ratos para comer, os gatos passarão fome e terão menos filhotes ou morrerão, então o crescimento populacional de gatos irá diminuir. Com menos gatos, mais ratos sobrevivem e retomam seu crescimento. Essa alternância e sincronicidade entre as populações de predadores e presas é o que os matemáticos Lotka e Voltera formularam em 1926. Isso quer dizer que mesmo que você introduza gatos numa ilha, eles dificilmente irão exterminar todos os ratos. Além disso, os gatos não caçam ratazanas grandes, apenas camundongos e ratos adolescentes (Flux, 2007). Gatos também comem passarinhos e lagartixas e isso tem causado enorme preocupação para a conservação desses animais em Fernando de Noronha. A ornitóloga Cecília Licarião estimou que existam apenas 400 sebitos e 700 cocorutas em Noronha. Se os gatos comerem mais sebitos e cocorutas do que os que nascem, eles certamente levarão essas aves à extinção. Na verdade, os gatos são famosos pela extinção de várias aves em ilhas no mundo todo (Medina et al., 2011) e se eles não forem controlados, o destino dos sebitos e das cocorutas será fatal. Os ratos, por sua vez, são os maiores predadores dos ovos dos passarinhos. Então, o futuro da cocoruta e do sebito está por um fio em Noronha.

Como se não bastasse os gatos e ratos comerem todos os passarinhos, como as plantas dispersarão suas sementes? Muitas plantas de Noronha dependem das aves para dispersar as sementes. Se a cocoruta e o sebito forem extintos, poderemos presenciar um enorme evento de extinção em cascata. Além disso, se os ratos dominarem a ilha, eles comerão as sementes das plantas, afetando ainda mais as populações das plantas. Eu acreditava que se houvesse muitos ratos em Noronha, eles poderiam estar comendo todos os frutos antes mesmo que as aves e isso teria sérias implicações para as plantas.

Para saber se os ratos comem os frutos antes que as aves, eu utilizei um método rápido e simples de medir remoção de frutos por animais. Como um teste rápido de covid, nós, ecólogos, precisamos de diagnósticos rápidos para saber se a natureza está bem ou se está doente. Eu decidi usar massinhas de modelar, aquelas que usamos quando crianças, para testar se os frutos estão sendo dispersos ou predados. Com meu técnico Sérgio Nazareth e meu colega de longa data, Marco Pizo, colocamos centenas de frutos vermelhos de massinha na ilha. Decoramos diversos arbustos com frutos *fake*, esperando que as aves ou os ratos pudessem ser ludibriados. Para saber quem come os frutos, instalamos câmeras e avaliamos as marcas deixadas pelos animais nos frutos. As aves deixam quase sempre uma marca em "V" no fruto, enquanto os ratos deixam suas marcas de dentes ou comem completamente os frutos.

Depois de duas noites e dois dias, retornamos aos arbustos decorados e contamos o número de frutos removidos e bicados pelas aves e ratos. Para minha surpresa, 80% dos frutos que colocamos foram consumidos por ratos e apenas 20% pelas aves. Tudo indica que os ratos estão roubando os frutos das aves e isso pode ter sérias implicações para as plantas, pois os ratos comem as sementes enquanto as aves dispersam as sementes. Com esse experimento, podemos esperar que algumas espécies de plantas tenham dificuldade de sobreviver no futuro. Nos deparamos com um enorme dilema da conservação da ilha de Fernando de Noronha: se os gatos forem extremamente eficientes e comerem todos os ratos, depois eles certamente mudarão sua dieta para comer passarinhos e mabuias. Se removermos todos os gatos de Noronha, os ratos não terão mais predadores e comerão não apenas a comida dos humanos, mas também os ovos e filhotes dos passarinhos e predarão as sementes das plantas nativas.

Paulo Mangini e a ONG Tríade estão tentando resolver esse problema. Mangini e seus colaboradores estimam que existam 2 mil gatos perambulando por Noronha, mais da metade deles sem dono. Isso mesmo, gatos domésticos que se asselvajaram e que vivem na natureza. Em Noronha, um terço da dieta dos gatos ferais é composta por ratos, um terço por aves e um terço por mabuias (Gaiotto et al., 2020). Para tentar resolver toda essa bagunça, Mangini está "desratizando" algumas das ilhas do arquipélago. Hoje, uma das 21 ilhas (Ilha do Meio) já foi completamente desratizada e outra deve ser ainda em 2024 (Ilha das Ratas). A remoção de todos os ratos dessas ilhas permitirá a recolonização pelas aves marinhas, que são presas fáceis dos ratos. Essas ilhas rapidamente se tornarão um berçário e refúgio das aves. Além disso, enquanto desratizar a ilha principal ainda parece um sonho distante, um projeto de esterilização dos gatos domésticos tenta reduzir seu crescimento populacional. Além da restauração da fauna, os pesquisadores tentam trazer a floresta que Darwin vicejou de volta a Noronha removendo todas as espécies exóticas e replantando a mata nativa. Com mais aves e natureza selvagem, cada vez mais turistas procurarão Noronha para apreciar sua natureza. Ainda há muito o que fazer, mas o pôr do sol de Noronha ficará muito mais bonito se conseguirmos manter suas aves e suas plantas nativas. Muito mais que um *like* ou uma *selfie,* a reconstrução da natureza selvagem em Noronha irá influenciar cada vez mais as jovens gerações a cuidar e restaurar nossos ecossistemas naturais.

Figura 14.1 – O simpático sebito, a cocoruta e a mabuia ocorrem somente no arquipélago de Fernando de Noronha

Fotos: Cecília Licarião

15
ASSELVAJANDO O *HOMO SAPIENS*

Se o Antropoceno é a época que definirá nossa passagem pelo planeta Terra, a restauração da natureza e a redução imediata das emissões de CO_2 e metano será nossa única saída para que ele seja longo e saudável. Temos a impressão de que no Antropoceno a natureza selvagem deixará de existir e o mundo será dominado por cachorros, gatos e ratos. A vida selvagem não pode estar restrita a animais que dependam de bolachas oferecidas por turistas. Se, por um lado, bilhões de pessoas no planeta possuem um celular e estão abduzidas por suas telas, a quantidade de pessoas que buscam cada vez mais contato com a natureza é surpreendente. É inegável que a tecnologia está nos deixando cada vez mais longe da natureza e esvaziando nossos instintos animais, mas estamos longe de virarmos robôs insensíveis. Como um gato doméstico que não perdeu seus instintos quando vê um passarinho, nós temos no DNA um primata caçador-coletor. O ser humano jamais deixará de ser um bicho, um animal, um primata. A vida na cidade pode nos ter tirado as luzes das estrelas, os cantos dos pássaros ou o frescor da relva, mas cada vez que caminhamos em um ambiente natural, nosso estresse é atenuado e nossa mente é reconectada com o planeta e nos sentimos mais felizes.

Ao longo deste livro eu mostrei que nosso impacto na natureza é avassalador e que nossas atitudes como consumidores generalistas poderão levar à extinção animais e plantas dos quais nem sequer sabemos o nome. Reconstruir a natureza é sempre bem mais complicado que destruí-la, mas muita gente está empenhada em "asselvajá-la" ou reconstruí-la. Os africanos sabem muito bem como reconstruir suas savanas. O Nambiti Private Game Reserve na África do Sul foi criado em 2000 e é um exemplo de como reconstruir um ecossistema. Com 10 mil hectares, quatro vezes menor que o Parque Nacional de Brasília, Nambiti era uma savana empobrecida, repleta de vacas magras e fadada a ser mais um pasto abandonado. Um grupo de investidores resolveu dar outro fim para essa área, contratou cientistas para refaunar e restaurar a savana e com isso atrair turistas. Apesar de pequena, os cientistas conseguiram não apenas reintroduzir nesta savana os cinco grandes mamíferos africanos, como elefantes, rinocerontes, girafas, hipopótamos e búfalos, mas também seus predadores, como chitas e leões. Leopardos e outros felinos menores (como o serval) colonizaram a área naturalmente e hoje essa reserva é uma das melhores áreas para se ver a vida selvagem africana. Eu visitei Nambiti quinze anos após o parque ser estabelecido para ver de perto como os cientistas africanos lidam com a refaunação. O parque fica a quase três horas da cidade de Durban e é uma savana em solos extremamente pobres e rochosos, com poucas árvores e cercado por plantações. Para evitar que os animais saiam para comer as plantações vizinhas, todo o parque é cercado. Mas como os cientistas conseguiram recriar uma savana africana?

Em Nambiti, todas as espécies são manejadas cuidadosamente e os cientistas sabem quantos indivíduos de cada espécie a área comporta. "Dez leões no máximo", me dizia o guarda-parque. As leoas recebem injeções de contraceptivos para controlar a população. Além da quantidade de predadores de topo, os cientistas sabem quantos herbívoros o ecossistema comporta e em qual ordem as espécies precisam ser inseridas nele. "Está tudo no manual", me dizia o guarda-parque enquanto conduzia o carro pelas estradas de terra do parque.

O "manual" é um enorme livro de manejo de animais escrito por dezenas de pesquisadores. Qual o requerimento de cada espécie, quanto de água cada uma precisa, quanto de comida cada espécie de herbívoro consome. Como um enorme livro de receitas, os africanos sabem que para evitar que elefantes, gnus, zebras e outros herbívoros comam toda a vegetação ou que a população de leões cresça e coma todos os herbívoros, as populações dos animais precisam ser criteriosamente manejadas. Quando elas crescem demais, todo ano, dezenas de impalas, zebras, gnus e outros herbívoros são capturados e vendidos para outras reservas de vida selvagem ou viram bife para abastecer os restaurantes locais. Isso mesmo, todo o excesso de animais é comercializado. O único animal que os cientistas não conseguem reintroduzir com sucesso é o cão selvagem (*Lycaon pictus*). Eles precisam de uma área bem maior que o parque para caçar e, apesar dos esforços dos pesquisadores, Nambiti nunca conseguiu manter uma matilha no parque, mesmo após várias tentativas. O outro animal que a área não consegue manter de "modo natural" são as chitas. Elas só conseguem sobreviver num sistema de "semiliberdade". Ao lado do parque as chitas são "guardadas" em cativeiros, soltas para caçar durante o dia e regressam à noite. Isso porque os maiores predadores das chitas são os leões. Das 10 chitas que foram soltas no parque, 8 haviam sido mortas pelos leões. Elas são os animais terrestres mais rápidos do mundo, podendo alcançar uma velocidade de 100 quilômetros por hora. O problema é que depois de um pique, as chitas ficam literalmente exaustas e mal conseguem andar. Os leões então esperam que elas deem seus piques e quando as encontram embaixo de árvores descansando, as chitas se tornam presas fáceis.

Figura 15.1 – Nambiti Game Reserve na África do Sul é um exemplo de restauração e refaunação, onde uma antiga fazenda de gado foi transformada em uma reserva para abrigar animais selvagens

Foto: acervo do autor

Nambiti funciona como um enorme safári cercado por resorts de luxo. Os leões são livres para comer suas presas e zebras; elefantes e girafas são livres para comer as plantas que quiserem. É difícil imaginar se esse parque sobreviveria sem o manejo humano, mas certamente é melhor com manejo do que como um pasto abandonado. Assim como Nambiti, diversos parques africanos, e norte-americanos, símbolos de uma natureza selvagem, nada mais são que um pedaço de natureza bem manejada, onde o homem controla ou favorece espécies de interesse turístico. Mas enquanto os parques africanos lidam bem com a presença de leões, leopardos e chitas, na maioria dos parques norte-americanos os lobos e ursos-pardos foram completamente eliminados. Por muitos anos, o governo norte-americano subsidiou com dinheiro público o extermínio de grandes predadores. O urso-pardo que figura na bandeira da Califórnia foi extinto no estado em 1924, e o último lobo em Yellowstone foi morto em 1926. Apesar de locais idílicos e paisagens maravilhosas, os parques norte-americanos eram demasiadamente sem graça para a maioria dos cientistas e turistas. Foi quando, em 1990, dois ecólogos norte-americanos, Michel Soulé e Reed Noss, sugeriram que era preciso "asselvajar" ou, em inglês, *rewilding,* a natureza, trazendo de volta os grandes predadores de topo de cadeia alimentar.

A ideia de trazer predadores de topo de volta aos parques norte-americanos ganhou força e em 1995, quando alguns lobos foram reintroduzidos no emblemático Yellowstone National Park. Como esse parque possuía uma enorme população de veados de cauda branca, os lobos se fartaram de presas e se multiplicaram rapidamente, chegando a mais de quinhentos indivíduos em 2015. E, como os lobos começaram a controlar as populações de veados, diversas plantas que eram avidamente comidas por eles aumentaram sua população, criando pequenos bosques nunca antes vistos. Com o aumento dos bosques, mais aves apareceram e até mesmo alguns castores surgiram para comer a madeira desses bosques. Os castores, por sua vez, criaram barragens nos rios e modificaram até mesmo a direção que o rio corria. Essa sequência de mudanças, o que os ecólogos chamam de "efeito cascata", tem sido o principal argumento para se manter predadores de topo nos ambientes naturais. Os predadores de topo aumentam a diversidade de espécies porque controlam os herbívoros, que por sua vez poderiam dizimar toda a vegetação.

168 MAURO GALETTI

A população de lobos em Yellowstone tem sido controlada, mas pelos fazendeiros vizinhos que não suportam ver um lobo fora do parque. Por causa do aumento da população, o governo local aumentou as quotas de caça de lobos e hoje menos de 95 deles existem no parque. Mas qual o limite para se asselvajar a natureza? Lobos haviam sido extintos por 70 anos em Yellowstone, mas há menos de 10 mil anos tanto eles, quanto hienas, tigres-dentes--de-sabre, leões e leopardos perambulavam pelos parques norte-americanos. Com a chegada dos seres humanos nas Américas, 80% da fauna de grandes mamíferos foi extinta. A reintrodução de lobos e ursos-pardos representa uma ínfima proporção da fauna que existia nesses parques e que foi eliminada pelos humanos.

A ideia de tentar asselvajar a natureza usando uma máquina do tempo parece ter sido inventada na Rússia. Sergey Zimov, um geofísico russo e diretor de uma estação científica remota na Sibéria, está tentando reverter o impacto humano de forma engenhosa. Em 2005, ele publicou um dos artigos mais estimulantes que li na prestigiosa revista *Science*. No artigo "Parque do Pleistoceno: restaurando o ecossistema dos mamutes" (Zimov, 2005), ele argumenta que todo o bioma tundra, no Ártico, é na verdade um ecossistema "artificial" e resultado da extinção recente de mamutes, rinocerontes--lanudos e outros mega-herbívoros. Todos aprendemos na escola que o planeta é dividido em biomas, que são representados por uma comunidade de plantas adaptadas a um certo clima. Os desertos são dominados por cactos ou suculentas, enquanto nas florestas tropicais predominam árvores com folhas sempre verdes. Os cientistas reconhecem pelo menos sete biomas: florestas tropicais, florestas temperadas, florestas boreais (bioma dominado por árvores), savanas, estepes, tundras (dominado por gramíneas, musgos e pequenos arbustos) e desertos. A tundra hoje cresce em solos pobres, dominados por musgos, líquens e gramas de crescimento lento. Por causa do crescimento lento, esse bioma pode alimentar poucos animais. Mas, segundo Zimov, esse ecossistema era altamente produtivo no passado. A extinção de mamutes e a redução populacional drástica de renas, bisões, bois-almiscarados, camelos e outros grandes mamíferos levou a uma redução na ciclagem de nutrientes (afinal, um monte de animais comendo e fazendo cocô fertiliza o solo) e levou o bioma a uma baixa produtividade. Antes da extinção da megafauna, a estepe (chamada de estepe de mamutes) era o maior bioma do planeta e se estendia dos Estados Unidos à Espanha, à Sibéria e a boa parte da China. Essa vegetação sustentava enormes manadas de animais como as que ocorrem hoje nas savanas africanas. A estepe protege abaixo de si uma grossa camada de solo permanentemente congelado, chamada *permafrost*. Este é o maior reservatório de carbono terrestre do planeta. Se esse solo descongelar por causa do aumento das temperaturas do planeta, haverá uma liberação de dióxido de carbono e metano dez vezes maior que a que os seres humanos emitem hoje.

Zimov argumenta que o pisoteamento da vegetação pelos mamutes e grandes herbívoros expõe o solo a temperaturas de -30 ou -40 °C e mantém o solo congelado. Sem animais, a neve cria um cobertor, como um isolante térmico, que impede o solo de ficar completamente congelado. Para solucionar esse problema, ele resolveu trazer de volta a megafauna na Sibéria e criou o Parque do Pleistoceno. Apesar de não podermos ressuscitar mamutes ou rinocerontes-lanudos, muitos outros grandes herbívoros ainda sobrevivem, como renas, bisões, bois-almiscarados, cavalos e camelos. O Parque do Pleistoceno é um enorme experimento científico que pode ser usado como modelo no mundo todo.

Assim como Zimov, comecei a pensar se o nosso Cerrado precisa ser asselvajado. Ele é um bioma com diversos ecossistemas: desde savanas dominadas por gramas (o que os botânicos chamam de "campo limpo") até uma floresta seca ("cerradão"). Mas o Cerrado, há pouco mais de 10 mil anos, era a terra dos grandes mamíferos: preguiças-gigantes e animais parecidos com elefantes (gonfotérios) que pesavam 5 mil quilogramas, tatus-gigantes de 800 quilogramas, cavalos, toxodontes e camelídeos perambulavam com emas, lobos-guarás e antas. Imaginem essa enorme biomassa de herbívoros comendo e defecando no solo. Diferentemente do Parque do Pleistoceno na Sibéria, a fauna de grandes mamíferos não deixou nenhum representante na América do Sul e é impossível ressuscitar as preguiças-gigantes, mas será que podemos criar um Cerrado da Era do Gelo? Essa minha ideia aparentemente maluca chegou aos ouvidos de um grupo de defensores de animais que resolveu criar um santuário de elefantes no Brasil.

Em 2016, Scott Blais e sua companheira, Katherine Blais, criaram um santuário de 1.600 hectares para elefantes asiáticos e africanos resgatados de maus tratos em zoológicos e circos. O Santuário dos Elefantes Brasil foi construído na Chapada dos Guimarães, no Mato Grosso, e tem a missão de dar melhores condições de vida aos pobres elefantes. A maioria desses animais viveu acorrentado toda a vida e muitos foram tirados jovens da natureza. O santuário não tem a intenção de reproduzir elefantes e nem mesmo de ser um zoológico.

A criação de um santuário de elefantes no Brasil gerou muita controvérsia e calorosos debates entre os que apoiam as causas de bem-estar animal e os ambientalistas. Afinal, no Brasil não tinham elefantes. Será que eles vão se tornar pragas? Não poderíamos usar esse dinheiro para salvar espécies nativas? Muitos dizem que os elefantes vão destruir o Cerrado.

Decidi ver de perto como seria o Cerrado com esses elefantes. Era o laboratório perfeito para ver se os elefantes podiam modificar o Cerrado. O santuário fica a algumas horas da Chapada dos Guimarães e encravado em uma leve colina imersa em plantações de algodão. Ele é um oásis e preserva um belo "cerradão" e florestas de babaçu. Não existe visitação pública e ele dedica-se exclusivamente a dar uma vida melhor aos elefantes.

Scott, um norte-americano franzino e de poucas palavras, me recebeu no santuário e me mostrou toda a área. Ele e Katherine dedicam suas vidas a cuidar de elefantes. Esse pedaço de cerrado havia sobrado em pé porque não tinha como plantar soja e algodão. O solo é bem pedregoso e arenoso. Um riacho corta o santuário e Scott sabia que isso seria um lugar ideal para os elefantes. Depois de visitarmos toda a área, Scott me levou para ver os dois únicos elefantes que eles possuíam até aquele momento.

Guida foi resgatada com 44 anos de um circo e Ramba, com 60 anos, foi resgatada de um zoológico. Esses dois elefantes jamais haviam chafurdado na lama, tomado banho de rio ou brincado com outro elefante. Sua vida era entreter as pessoas acorrentados ou viver em um cubículo em um zoológico. Scott comenta que a adaptação dos elefantes ao ambiente natural surpreendeu a todos. Apesar de eles terem possuído diversos comportamentos de animais enjaulados por muito tempo, aos poucos foram experimentando plantas, chafurdando no solo e virando elefantes novamente.

Scott tem uma experiência e paciência incomum com os elefantes; ele sabe respeitar a individualidade dos animais e jamais os trata como animais de estimação. Apesar de parecerem dóceis, ninguém se aproxima dos elefantes, porque eles são animais selvagens e temperamentais. Scott havia me contado de uma tratadora nos Estados Unidos que foi morta por um elefante em cativeiro depois de ela ter chegado muito perto.

– Se um elefante pisar em você, você morre, disse ele.

No final da tarde, o sol começou a se pôr e Ramba e Guida caminharam lentamente pelo Cerrado, experimentando a vegetação nativa e sentindo seus aromas com sua enorme tromba. Ramba parou na frente de uma palmeira bocaiuva cheia de frutos maduros. Eram grandes e amarelos como uma bola de golfe. Ela inspecionou a árvore, levantou a tromba, cheirou e olhou seus cachos muito altos para serem alcançados. Ramba abraçou a palmeira com sua tromba e a chacoalhou, derrubando seus frutos mais maduros. Guida veio em seguida e se fartou dos frutos caídos. Eu finalmente havia conseguido entrar numa máquina do tempo e estava vivenciando uma cena típica de 10 mil anos atrás, quando esses brutamontes reinavam no Cerrado brasileiro.

Sei que é impossível recriar a natureza como era antes dos humanos a destruírem. Podemos trazer de volta lobos a Yellowstone ou mesmo refazer uma savana africana ou reasselvajar as tundras na Sibéria, mas nosso Cerrado jamais terá manadas de elefantes e preguiças-gigantes novamente. Nós somos órfãos de megafauna. Talvez todas essas iniciativas de recriar a natureza, trazer lobos ou elefantes seja uma tentativa de trazer de volta nosso instinto mais básico, mais profundo, mais animalesco, nossa necessidade de nos "reasselvajarmos". A vida atrás de telas de computador e celulares é demasiadamente confortável e chata. Quanto mais nos distanciamos da natureza, mais doentes ficamos. Mentalmente, fisicamente e espiritualmente.

Recentemente eu percebi a imensa necessidade das pessoas se conectarem com a natureza. Quando era estudante da Universidade de Cambridge tive o prazer de assistir uma palestra da doutora Jane Goodall no Departamento de Zoologia. Apesar de já ser famosa, pouco mais de duzentas pessoas presenciaram sua palestra. Trinta anos depois, eu tive novamente a felicidade de assisti-la em Miami, onde sua palestra atraiu mais de 5 mil pessoas, todas sedentas de ouvi-la falar da sua história com os chimpanzés. A carência de natureza leva as pessoas a procurarem "gurus" que possam acalmar seus anseios e buscar respostas para salvarmos o mundo.

Embora neste livro eu possa estar te passando uma visão pessimista do futuro do planeta, acho que o Antropoceno é uma época fascinante para os cientistas, especialmente para os jovens. Mesmo com algumas previsões pessimistas, como a iminente perda de espécies maravilhosas, é agora, mais do que nunca, que a humanidade vai precisar de soluções ambientais inovadoras. Quem propuser maneiras para desviarmos do "meteoro humano" que está prestes a colidir com a Terra serão os futuros biólogos, ecólogos e tantos outros cientistas da área ambiental. Se você ainda está procurando fazer algo útil para sua vida em que possa desfrutar momentos únicos perante a natureza, salvar uma espécie da extinção ou plantar uma floresta, essa é sua maior oportunidade. Não há dúvida de que os cientistas precisarão da ajuda de muita gente disposta a mudar seu comportamento e transformar nosso destino. Salvar o planeta vai demandar ações de *influencers*, empresários, políticos, professores e, acima de tudo, crianças.

Hoje existem inúmeros exemplos de projetos e pessoas dedicadas a re-asselvajar a natureza. No Rio de Janeiro, o parque nacional mais famoso do Brasil, a Floresta da Tijuca (Fernandez et al., 2017), está sendo reasselvajado com bugios, cutias, araras e jabutis. A história da Tijuca é um exemplo para nos orgulharmos. Em 1861, o Imperador Dom Pedro II resolveu proteger e reflorestar com vegetação natural chácaras e fazendas de café para que a cidade do Rio de Janeiro não tivesse mais problemas com abastecimento de água. Isso bem antes da criação do Parque do Yellowstone nos Estados Unidos, fundado apenas em 1872. Em apenas treze anos, mais de 100 mil árvores foram plantadas e, em 1961, essa floresta foi transformada em parque nacional. Hoje boa parte da floresta que você vê abaixo do Corcovado, onde está o Cristo Redentor, foi plantada. Em 2010, meu colega e professor da Universidade Federal do Rio de Janeiro, Fernando Fernandez, e a professora da Universidade Federal Rural do Rio de Janeiro, Alexandra Pires, notaram que, apesar de a floresta ser exuberante, ela carecia de animais. Então, ao lado de estudantes e outros pesquisadores, criaram o projeto Refauna, que reintroduziu cutias, bugios e jabutis na floresta. Pode parecer pouco, mas a reintrodução de cutias foi essencial para que algumas plantas com sementes e frutos grandes demais para serem comidos pelos pássaros tivessem restabelecido seu ciclo natural de regeneração (Mittelman et al., 2021). O projeto deu tão certo que outras "florestas vazias" estão sendo refaunadas seguindo a mesma base científica.

O Refauna não é o único projeto de conservação de sucesso. Diversos animais que estavam quase extintos, como a ararinha-azul, o bicudo, o mico-leão-dourado ou o mutum-do-nordeste estão de volta à natureza graças aos esforços dos pesquisadores brasileiros. A população de baleias-jubarte na costa brasileira alcançou patamares de mais de 200 anos atrás com mais de 25 mil animais. Além disso, mais e mais pessoas estão interessadas em observar aves e primatas na natureza. Nunca tivemos tanta informação científica sobre animais e plantas. Hoje com um simples celular você pode identificar espécies, navegar em locais ermos, fotografar e gravar espécies raras. Os drones estão cada vez mais acessíveis e, em vez de usá-los apenas para filmar casamentos, podemos contar e monitorar os animais, sejam capivaras no Rio Tietê ou onças-pintadas no Pantanal. Com o avanço e a acessibilidade a testes moleculares, os naturalistas do Antropoceno podem coletar uma gota d'água de um rio, extrair DNA e fazer uma lista de espécies que ocorrem ali. A Biologia da Extinção vem avançando e tentando resgatar espécies extintas pelo homem como o pombo-passageiro e o tigre-da-tasmânia. A ciência cidadã ganha mais adeptos a cada dia e com isso mais pessoas estão doando seu tempo para avançar a ciência. A medicina está cada vez mais interessada em entender como a natureza pode retardar a demência e a depressão. Engenheiros estão buscando alternativas para criar plásticos comestíveis e 100% biodegradáveis. A criação de reservas naturais que buscam aliar a conservação com a produção de renda para as comunidades locais são cada vez mais comuns e mostram ser viáveis. Nunca a humanidade esteve tão focada em questões socioambientais.

Além disso, o Brasil é repleto de "Jane Goodalls" que trabalham incansavelmente para conservar as espécies ameaçadas: Neiva Guedes com seu trabalho com ninhos artificiais tirou as araras-azuis da lista de espécies ameaçadas; Fernanda Abra está desenvolvendo com os Waimiri Atroari soluções para reduzir a mortalidade da fauna nas rodovias da Amazônia; Cecília Licarião lidera um projeto maravilhoso de observação de aves em Fernando de Noronha; Patrícia Médici dedica sua vida para salvar as antas; Alexine Keuroghlian é uma incansável bióloga que tenta salvar o Pantanal. Eu poderia escrever um livro inteiro sobre as pessoas que estão se dedicando a melhorar a vida neste planeta.

Não existe um manual ou uma bíblia de como salvar a natureza, mas temos à nossa disposição um arsenal de ferramentas para melhor compreendê-la e buscar soluções práticas. Não espere de grandes empresas ou governos salvar o planeta; a enorme maioria das ações para a proteção da natureza vem de indivíduos ou pequenos grupos de pessoas dedicadas. Levante-se, saia do celular, desligue seu WhatsApp, Instagram ou videogame. Comece convencendo seu tio sobre a importância dos pássaros para reduzir o aquecimento do planeta, vá pescar com seus amigos advogados e mostre como os rios estão cada vez mais vazios e porque é importante preservá-los. Leve sua tia mal-humorada para um passeio no bosque e mostre como andar na floresta e ouvir os passarinhos cura qualquer enxaqueca e mau humor. Convença seu pastor a falar sobre como podemos proteger a natureza nos seus sermões. Busque alternativas para reduzir o consumo do plástico e de carne, evite produtos que usem óleo de palmeira e use mais produtos locais. Não é uma questão de abraçar árvores ou oncinhas-pintadas e postar no Instagram, mas simplesmente de aproveitar melhor a natureza que existe hoje.

A capacidade de transformar o Antropoceno em uma época mais humanamente habitável depende da nossa capacidade de mudar nossos hábitos e das pessoas que sequer sabem que o Antropoceno existe. O Antropoceno não precisa ser o fim do mundo, um apocalipse, mas um reencontro com as coisas que realmente importam para os seres humanos e para a vida na Terra.

Referências

AGUILAR-MELO, A. R. et al. Behavioral and physiological responses to subgroup size and number of people in howler monkeys inhabiting a forest fragment used for nature-based tourism. *American Journal of Primatology*, v.75, n.11, p.1108-16, June 2013. DOI: 10.1002/ajp.22172.

ALEIXO, A.; GALETTI, M. The conservation of the avifauna in a lowland Atlantic forest in south-east Brazil. *Bird Conservation International*, v.7, n.3, p.235-61, Sept. 1997. DOI: 10.1017/S0959270900001556.

ALMEIDA-NETO, M. et al. Vertebrate dispersal syndromes along the Atlantic forest: broad-scale patterns and macroecological correlates. *Global Ecology and Biogeography*, v.17, n.4, p.503-13, 10 June 2008. DOI: 10.1111/j.1466-8238.2008.00386.x.

BAR-ON, Y. M.; PHILLIPS, R.; MILO, R. The biomass distribution on Earth. *Proceedings of the National Academy of Sciences*, v.115, n.25, p.6506-11, 21 May 2018. DOI: 10.1073/pnas.1711842115.

BECA, G. et al. High mammal species turnover in forest patches immersed in biofuel plantations. *Biological Conservation*, v.210, part A, p.352-59, June 2017. DOI: 10.1016/j.biocon.2017.02.033.

BELLO, C. et al. Defaunation affects carbon storage in tropical forests. *Science Advances*, v.1, n.11, 18 Dec. 2015. DOI: 10.1126/sciadv.1501105.

BELLO, C. et al. Valuing the economic impacts of seed dispersal loss on voluntary carbon markets. *Ecosystem Services*, v.52, Dec. 2021. DOI: 10.1016/j.ecoser.2021.101362.

BERNARDO, C. S. S. et al. Density estimates of the black-fronted piping guan in the Brazilian Atlantic rainforest. *The Wilson Journal of Ornithology*, v.123, n.4, p.690-98, Dec. 2011. DOI: 10.1676/10-140.1.

BOBROWIEC, P. E. D.; LEMES, M. R.; GRIBEL, R. Prey preference of the common vampire bat (*Desmodus rotundus*, Chiroptera) using molecular analysis. *Journal of Mammalogy*, v.96, n.1, p.54-63, 15 Feb. 2015. DOI: 10.1093/jmammal/gyu002.

BROCARDO, C. R. et al. Predation of adult palms by blackcapuchin monkeys (*Cebus nigritus*) in the Brazilian Atlantic forest. *Neotropical Primates*, v.17, n.2, p.70-74, 1 Dec. 2010. DOI: 10.1896/044.017.0205.

CALIEBE, A. et al. Insights into early pig domestication provided by ancient DNA analysis. *Scientific Reports*, v.7, n.1, 16 Mar. 2017. DOI: 10.1038/srep44550.

CAMPBELL-STATON, S. C. et al. Ivory poaching and the rapid evolution of tusklessness in African elephants. *Science*, v.374, n.6566, p.483-87, 2021. DOI: 10.1126/science.abe7389.

CHIARELLO, A. G. Diet of the brown howler monkey *Alouatta fusca* in a semi-deciduous forest fragment of southeastern Brazil. *Primates*, v.35, n.1, p.25-34, Jan. 1994. DOI: 10.1007/BF02381483.

COOKE, S. B. et al. Anthropogenic extinction dominates Holocene declines of West Indian mammals. *Annual Review of Ecology, Evolution, and Systematics*, v.48, n.1, p.301-27, Nov. 2017. DOI: 10.1146/annurev-ecolsys-110316-022754.

DARWIN Correspondence Project. From Fritz Müller, 9 September 1868. University of Cambridge, 2022. Disponível em: https://www.darwinproject.ac.uk/letter/?docId=letters/DCP-LETT-6359.xml. Acesso em: 12 set. 2023.

DE VOS, J. M. et al. Estimating the normal background rate of species extinction. *Conservation Biology*, v.29, n.2, p.452-62, Apr. 2015. DOI: 10.1111/cobi.12380.

DIAS, G. Canção do exílio. In: DIAS, G. *Cinco estrelas*. Rio de Janeiro: Objetiva, 2001. Disponível em: https://www.

escrevendoofuturo.org.br/caderno_virtual/texto/cancao-do--exilio/index.html. Acesso em: 7 out. 2023.

DIAZ-MARTIN, Z. et al. Identifying keystone plant resources in an Amazonian forest using a long-term fruit-fall record. *Journal of Tropical Ecology*, v.30, n.4, p.291-301, July 2014. DOI: 10.1017/S0266467414000248.

DOS REIS, M. S. et al. Management and conservation of natural populations in Atlantic rain forest: The case study of palm heart *(Euterpe edulis* Martius). *Biotropica*, v.32, n.4b, p.894-902, 1 Dec. 2000. DOI: 10.1646/0006-3606(2000)032[0894:MACONP]2.0.CO;2.

DRISCOLL, C. A. et al. The near eastern origin of cat domestication. *Science*, v.317, n.5837, p.519-23, 27 July 2007. DOI: 10.1126/science.1139518.

FERNANDEZ, F. A. S. et al. Rewilding the Atlantic Forest: Restoring the fauna and ecological interactions of a protected area. *Perspectives in Ecology and Conservation*, v.15, n.4, p.308-14, Oct./Dec. 2017. DOI: 10.1016/j.pecon.2017.09.004.

FLUX, J. E. Seventeen years of predation by one suburban cat in New Zealand. *New Zealand Journal of Zoology*, v.34, n.4, p.289-96, Dec. 2007. DOI: 10.1080/03014220709510087.

FRENCH, S. S. et al. Complex tourism and season interactions contribute to disparate physiologies in an endangered rock iguana. *Conservation Physiology*, v.10, n.1, 5 Feb. 2022. DOI: 10.1093/conphys/coac001.

GAIOTTO, J. V. et al. Diet of invasive cats, rats and tegu lizards reveals impact over threatened species in a tropical island. *Perspectives in Ecology and Conservation*, v.18, n.4, p.294-303, Oct./Dec. 2020. DOI: 10.1016/j.pecon.2020.09.005.

GALETTI, M.; PEDRONI, F.; MORELLATO, L. P. C. Diet of the brown howler monkey *Alouatta fusca* in a forest fragment in southeastern Brazil. *Mammalia*, v.58, n.1, p.111-18, Jan. 1994. DOI: 10.1515/mamm.1994.58.1.111.

GALETTI, M.; PEDRONI, F.; PASCHOAL, M. Infanticide in the brown howler monkey, *Alouatta fusca*. *Neotropical Primates*, v.2, n.4, p.6-7, Dec. 1994. ISSN: 1413-4703.

GALETTI, M.; FERNANDEZ, J. C. Palm heart harvesting in the Brazilian Atlantic forest: changes in industry structure and the illegal trade. *Journal of Applied Ecology*, v.35, n.2, p.294-301, Apr. 1998. DOI: 10.1046/j.1365-2664.1998.00295.x.

GALETTI, M.; ALEIXO, A. Effects of palm heart harvesting on avian frugivores in the Atlantic rain forest of Brazil. *Journal of Applied Ecology*, v.35, n.2, p.286-93, Apr. 1998. DOI: 10.1046/j.1365-2664.1998.00294.x.

GALETTI, M.; PIZO, M. A.; CERDEIRA MORELLATO, L. P. Diversity of functional traits of fleshy fruits in a species-rich Atlantic rain forest. *Biota Neotropica*, v.11, n.1, p.181-93, Mar. 2011. DOI: 10.1590/S1676-06032011000100019.

GALETTI, M. et al. Functional extinction of birds drives rapid evolutionary changes in seed size. *Science*, v.340, n.6136, p.1086-90, 31 May 2013. DOI: 10.1126/science.1233774.

GREENSPOON, L. et al. The global biomass of wild mammals. *Proceedings of the National Academy of Sciences*, v.120, n.10, 27 Feb. 2023. DOI: 10.1073/pnas.2204892120.

GUIMARÃES JR., P. R.; GALETTI, M.; JORDANO, P. Seed dispersal anachronisms: rethinking the fruits extinct megafauna ate. *Plos One*, v.3, 5 Mar. 2008. DOI: 10.1371/journal.pone.0001745.

HEDENSTRÖM, A. Adaptations to migration in birds: behavioral strategies, morphology and scaling effects. *Philosophical Transactions of the Royal Society of London. Series B, Biological Sciences*, v.363, n.1490, p.287-99, 18 July 2007. DOI: 10.1098/rstb.2007.2140.

HEGEL, C. et al. Invasion and spatial distribution of wild pigs (*Sus scrofa* L.) in Brazil. *Biological Invasions*, v.24, p.3681-92, 21 July 2022. DOI: 10.1007/s10530-022-02872-w.

JANZEN, D. H. Herbivores and the Number of Tree Species in Tropical Forests. *The American Naturalist*, v.104, n.940, p.940, 1970.

KEHLMAIER, C. et al. Ancient mitogenomics elucidates diversity of extinct West Indian tortoises. *Scientific Reports*, v.11, n.1, 9 Feb. 2021. DOI: 10.1038/s41598-021-82299-w.

KIM, S. et al. Frugivore distributions are associated with plant dispersal syndrome diversity in the Caribbean archipelagos. *Diversity and Distributions*, v.28, n.12, 8 Mar. 2022. DOI: 10.1111/ddi.13503.

MACARTHUR, R. H.; WILSON, E. O. *The Theory of Island Biogeography*. 2nd.ed. New Jersey: Princeton University Press, 2016.

MAUSFELD, P. et al. Phylogenetic affinities of *Mabuya atlantica* Schmidt, 1945, endemic to the Atlantic Ocean archipelago of Fernando de Noronha (Brazil): necessity of partitioning the genus *Mabuya* Fitzinger, 1826 (Scincidae: Lygosominae). *Zoologischer Anzeiger*, v.241, n.3, p.281-93, 2002. DOI: 10.1078/0044-5231-00081.

MEDINA, F. M. et al. A global review of the impacts of invasive cats on island endangered vertebrates. *Global Change Biology*, v.17, n.11, p.3503-10, 3 June 2011. DOI: 10.1111/j.1365-2486.2011.02464.x.

MITTELMAN, P. et al. Sowing forests: a synthesis of seed dispersal and predation by agoutis and their influence on plant communities. *Biological Reviews*, v.96, n.6, p.2425-45, 22 June 2021. DOI: 10.1111/brv.12761.

MOJZSIS. S. J. et al. Evidence for life on Earth before 3,800 million years ago. *Nature*, v.384, n.6604, p.55-59, 7 Nov. 1996. DOI: 10.1038/384055a0.

MORELLATO, P. C.; LEITAO-FILHO, H. F. Reproductive phenology of climbers in a southeastern Brazilian forest. *Biotropica*, v.28, n.2, p.180-191, 1996.

MYERS, N. et al. Biodiversity hotspots for conservation priorities. *Nature*, v.403, n.6772, p.853-58, 24 Feb. 2000. DOI: 10.1038/35002501.

NAGY, K. A.; SHOEMAKER, V. H Field energetics and food consumption of the Galapagos marine iguana, Amblyrhynchus cristatus. *Physiological Zoology*, v.57, n.3, p.281-90, May/June 1984. DOI: 10.1086/physzool.57.3.30163716.

OLIVEIRA, P. The ecological function of extrafloral nectaries: herbivore deterrence by visiting ants and reproductive output in *Caryocar brasiliense* (Caryocaraceae). *Functional Ecology*, v.11, n.3, p.323-30, June 1997. DOI: 10.1046/j.1365-2435.1997.00087.x.

PAINE, R. T. Food web complexity and species diversity. *The American Naturalist*, v.100, n.910, p.65-75, Jan./Feb. 1966. DOI: 10.1086/282400.

PALUMBI, S. R. Humans as the world's greatest evolutionary force. *Science*, v.293, n.5536, p.1786-90, 7 Sept. 2001. DOI: 10.1126/science.293.5536.1786.

PEDROSA, F. et al. Diet of invasive wild pigs in a landscape dominated by sugar cane plantations. *Journal of Mammalogy*, v.102, n.5, p.1309-17, 23 Sept. 2021. DOI: 10.1093/jmammal/gyab100.

PENN, J. L. et al. Temperature-dependent hypoxia explains biogeography and severity of end-Permian marine mass extinction. *Science*, v.362, n.6419, 7 Dec. 2018. DOI: 10.1126/science.aat1327.

RABIES around the World, 2020. Centers for Disease Control and Prevention, 2020. Disponível em: https://www.cdc.gov/rabies/location/world/index.html#:~:text=Each%20year%2C%20rabies%20causes%20approximately%2059%2C000%20deaths%20worldwide. Acesso em: 29 set. 2023.

RAGUSA, A. et al. Plasticenta: First evidence of microplastics in human placenta. *Environment International*, v.146, Jan. 2021. DOI: 10.1016/j.envint.2020.106274.

RIBEIRO, M. C. et al. The Brazilian Atlantic Forest: How much is left, and how is the remaining forest distributed? Implications for conservation. *Biological Conservation*, v.142, n.6, p.1141-53, June 2009. DOI: 10.1016/j.biocon.2009.02.021.

ROCHA, C. F. D. et al. Ecology and natural history of the easternmost native lizard species in South America, *Trachylepis atlantica* (Scincidae), from the Fernando de Noronha Archipelago, Brazil. *Journal of Herpetology*, v.43, n.3, p.450-59, Sept. 2009. DOI: 10.1670/07-267R2.1.

ROSENBERG, K. V. et al. Decline of the North American avifauna. *Science*, v.366, n.6461, p.120-24, 19 Sept. 2019. DOI: 10.1126/science.aaw1313.

RYAN, P. G.; RONCONI, R. A. The Tristan thrush *Nesocichla eremita* as seabird predator. *Ardea*, v.98, n.2, p.247-50, 1 Oct. 2010. DOI: 10.5253/078.098.0216.

SANTOS, F. A. et al. Plastic debris forms: Rock analogues emerging from marine pollution. *Marine Pollution Bulletin*, v.182, Sept. 2022. DOI: 10.1016/j.marpolbul.2022.114031.

SCHAEFER, H. M. Why fruits go to the dark side. *Acta Oecologica*, v.37, n.6, p.604-10, Nov./Dec. 2011. DOI: 10.1016/j. actao.2011.04.008.

SENGUPTA, A.; MCCONKEY, K. R.; KWIT, C The influence of provisioning on animal-mediated seed dispersal. *Oikos*, v.2022, n.2, 29 Apr. 2021. DOI: 10.1111/oik.08276.

SETZ, E. Z. F.; SAZIMA, I. Bats eaten by Nambiquara Indians in western Brazil. *Biotropica (USA)*, v.19, n.2, p.190, June 1987. DOI: 10.2307/2388746.

SHUTT, J. D.; LEES, A. C. Killing with kindness: Does widespread generalized provisioning of wildlife help or hinder biodiversity conservation efforts? *Biological Conservation*, v.261, 18 Aug. 2021. DOI: 10.1016/j.biocon.2021.109295.

STEADMAN, D. W.; MARTIN, P. S. The late Quaternary extinction and future resurrection of birds on Pacific islands. *Earth-Science Reviews*, v.61, n.1-2, p.133-47, Apr. 2003. DOI: 10.1016/S0012-8252(02)00116-2.

VAN WYHE, J. *Charles Darwin in Cambridge*: the most joyful years. Singapura: World Scientific Publishing Company, 2014.

VOELKER, G. et al. Molecular systematics of a speciose, cosmopolitan songbird genus: defining the limits of, and relationships among, the *Turdus* thrushes. *Molecular Phylogenetics and Evolution*, v.42, n.2, p.422-34, Feb. 2007. DOI: 10.1016/j. ympev.2006.07.016.

WILLIAMSON, R. The Plague in Cambridge. *Medical History*, v.1, n.1, p.51-64, 1957.

WORBES, M.; JUNK, W. J. How old are tropical trees? The persistence of a myth. *IAWA Journal.* v.20, n.3, p.255-60, 1999. ISSN: 0928-1541.

ZIMOV, S. A. Pleistocene park: return of the mammoth's ecosystem. *Science*, v.308, n.5723, p.796-98, 6 May 2005. DOI: 10.1126/science.1113442.

SOBRE O LIVRO

Tipologia: Horley Old Style 10,5/14
2ª Edição Editora Unesp: 2024

EQUIPE DE REALIZAÇÃO

Coordenação Editorial
Marcos Keith Takahashi (Quadratim)

Edição de texto
Bárbara Held

Capa
Marcelo Girard

Editoração eletrônica
Arte Final

Rua Xavier Curado, 388 • Ipiranga - SP • 04210 100
Tel.: (11) 2063 7000
rettec@rettec.com.br • www.rettec.com.br